CHINESE
INTERIOR DESIGN
YEARBOOK
2017

中国室内设计年鉴（下）

李有为 主编

中国林业出版社
China Forestry Publishing House

图书在版编目（ＣＩＰ）数据

2017 中国室内设计年鉴 ： 全 2 册 ／ 李有为主编 ． −− 北京 ： 中国林业出版社 ， 2017.7
ISBN 978−7−5038−9151−9

Ⅰ ． ① 2… Ⅱ ． ①李… Ⅲ ． ①室内装饰设计 − 中国 − 2017 − 年鉴 Ⅳ ． ① TU238.2−54

中国版本图书馆 CIP 数据核字 (2017) 第 158160 号

中国林业出版社·建筑分社
责任编辑：纪　亮　王思源

出　版：中国林业出版社（100009 北京西城区德内大街刘海胡同 7 号）
印　刷：北京利丰雅高长城印刷有限公司
发　行：中国林业出版社
电　话：(010) 8314 3518
版　次：2017 年 8 月　第 1 版
印　次：2017 年 8 月　第 1 次
开　本：1/16
印　张：52
字　数：500 千字
定　价：860.00 元（全 2 册）

Residential

住宅公寓

型格 style
TYPE STYLE

多彩生活
COLORFUL LIFE

18平方米郭氏之家家庭艺术博物馆
GUO'S 18 SQUARE METERS
HOME ART MUSEUM

绅蓝公寓
BLUE HOUSE

Scene Fusion
SCENE FUSION

无名"
NAMELESS

春风十里
SPRING BREEZE

海河大观高级公寓
HAIHE PREMIUM
APARTMENT HOUSE

《塑》
MOULD

1ee house
LEE HOUSE

土间宅
EARTH HOUSE

永恒时刻（洋房717-3F）
ETERNAL
MOMENT (VILLA 717-3F)

微公寓
MINI APARTMENT

33平方米迷你超机能小宇宙
33 SQUARE METERS
MINI UNIVERSE

灯市口住宅改造
DENGSHIKOU
RESIDENTIAL RENOVATION

裸色
NUDE COLOR

型格 style
TYPE STYLE

项目名称 _ 型格 style / 主案设计 _ 陆槛槛 / 项目地点 _ 浙江省宁波市 / 项目面积 _140 平方米 / 投资金额 _120 万元

A 项目定位 Design Proposition

设计师意欲打造自然、舒适的现代雅宅，开放式的格局设定，使空间视觉与光线得以延续串联，结构上从整体维度出发，以空间为框，形成一种存在共筑的和谐状态。空间的价值，也得以发挥充分的效益。

B 环境风格 Creativity & Aesthetics

本案中客厅、餐厅、厨房的关系采取自由开放的平面格局。在包容开放的格局中，客厅以大片落地窗形式与低位沙发呈现。阳光由此可辐射至连贯的整体空间中，确保室内可视性与适宜的室温。

C 空间布局 Space Planning

电视墙面巧妙地将纯色护墙板和高亮度的白色面包砖交会，质感尤佳，脱离了束缚，折射之间尽是光舞奢华。自然环境的色彩来自于光线，而空间区域的色彩来自于素材。客厅中，设计师匠心独具地设计了整体一面的沙发背景，几何的元素，简单勾勒出线条的凝练，唯美与开阔一气呵成，加之地面石材的润泽，丰富视觉感受的同时又增添细腻与典雅。设计师突破以往的静态设计，让空间展现出更丰沛的动态美。为此，厨房和餐厅亦相互开放，操作区也用开放的形式设计布局，各空间没有明显的界定区隔，保留舒适度的同时，一方面让空间使用保持弹性，也让人感受到更为开阔的格局。客厅、餐厅、厨房三个区域形成了连贯通透的整体，散发出平稳又均衡的气场，隽永耐看。环境、光影因有形的构物而变化，从而带来不同的生活体验。

D 设计选材 Materials & Cost Effectiveness

公共过道，设计师用展示性的平面手法呈现，在大格局的白灰黑相衬下，展现出低调独立、舒适自由的居家渴望。卧室的色彩亦为温润的淡雅色调，主卧客卧相得益彰，激荡出充满生活温度的空间表现。纵观全景，整个空间没有多余的色彩、累赘的粉饰。

E 使用效果 Fidelity to Client

光使色彩增辉、质感明朗，整体的软装搭配使空间更活跃，艺术韵味油然而生。青春是场初心之旅，运动的心，容不下停……获得业主和参观业主好评。

平面图

多彩生活
COLORFUL LIFE

项目名称_多彩生活 / 主案设计_程晖 / 参与设计_李学刚、朱昱名、孙雪阳 / 项目地点_北京市朝阳区 / 项目面积_38平方米 / 投资金额_21万元 / 主要材料_PVC、水性漆、欧松板、集成材

A 项目定位 Design Proposition
本案为北京卫视《暖暖的新家》公益改造节目，定位于为普通贫困民众免费设计改造老旧房屋，改变家居环境，从而改变生活面貌的一档公益节目。该项目面积38平方米，需要容纳8人居住及生活社交，并且将家庭教室的功能也添加了进来，实现从家居到工作的使用功能转化。

B 环境风格 Creativity & Aesthetics
本案设计风格选取了较为丰富的色彩，一来增加空间的丰富性，给原本沉闷的家庭注入活力；二来利用色彩构成的原理增肌空间的立体感和纵深感，使得空间看上去变得更大，三是给每一个居住的成员打造独立的生活空间，给小朋友提供独立成长的环境，四是在满足基本生活功能的前提下最大可能地提高生活品质，比如茶室、教学会客、阳台花园等精神需求方面的考虑。

C 空间布局 Space Planning
本案设计打破了原有的使用格局，将原有厨房改为一间卧室，再不做任何变形家具的前提下，巧妙地利用重组的格局实现了4房2厅1厨1卫的功能需求，并且使用面积得到了精确的分配，有限的空间没有一丝浪费，将公共面积全部利用了起来，空间感受比原来增大了不少。

D 设计选材 Materials & Cost Effectiveness
本案选材也突破常规，使用了地采暖、中央新风、集成烟机灶等改善型设备，增加使用舒适度；地面采用了PVC地板，另外采用了水性漆、欧松板、集成材等环保材料，将家居装饰材料的单一性打破，取得了很好的效果。

E 使用效果 Fidelity to Client
首先在38平米的面积里满足了8口人的正常居住及生活社交，实现了大客厅、大厨房、大餐厅的使用功能，业主惊喜连连、非常满意。另外节目播出后，收视率当晚全国第二，观众反馈很好，对很多普通楼房，没有层高及改扩优势的普通民居的装修改造带来了很好的启发作用，北京卫视破例重播了一次。

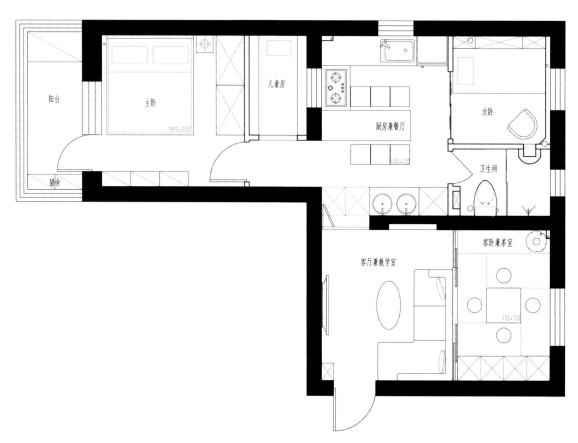

平面图

18平方米郭氏之家
家庭艺术博物馆
GUO'S 18 SQUARE METERS HOME
ART MUSEUM

项目名称 _18平方米郭氏之家家庭艺术博物馆 / 主案设计 _ 刘道华 / 项目地点 _ 北京市西城区 / 项目面积 _18平方米 / 投资金额 _15万元

A 项目定位 Design Proposition
18平米的住宅设计，拥挤不堪，连做饭都在马桶上的狭小空间，是如何在设计师神奇之手下，变身两室三厅两卫"家庭艺术博物馆"？

B 环境风格 Creativity & Aesthetics
现代简约与新中式的碰撞。

C 空间布局 Space Planning
楼梯位置的改动及一层展示区的多功能化。

D 设计选材 Materials & Cost Effectiveness
材料间合理的衔接运用。

E 使用效果 Fidelity to Client
2015年暖暖新家收视率第一名。

绅蓝公寓
BLUE HOUSE

项目名称 _ 绅蓝公寓 / 主案设计 _ 葛晓彪 / 项目地点 _ 浙江省温州市 / 项目面积 _200 平方米 / 投资金额 _120 万元 / 主要材料 _ 涂料等

A 项目定位 Design Proposition
这套公寓摒弃了硬装上过于复杂的装饰材料束缚，而是用色彩和软装去搭配去表达整个空间所能诠释的效果，开启了全新的设计路线。

B 环境风格 Creativity & Aesthetics
应该说是结合业主所喜欢的那种环境风格营造的一个有异国情调的居室空间，非常的有张力，高饱和度的色彩不禁让人眼前一亮。

C 空间布局 Space Planning
把书房和客厅区有效地结合起来，又相互地衬托，打破了原先传统的封闭式书房的思路。

D 设计选材 Materials & Cost Effectiveness
选用多色的进口涂料来装点整个墙面，色块的区域划分让每个空间都很有自己独特的气质。

E 使用效果 Fidelity to Client
被称为最张扬的色彩大师，深受大众喜爱。

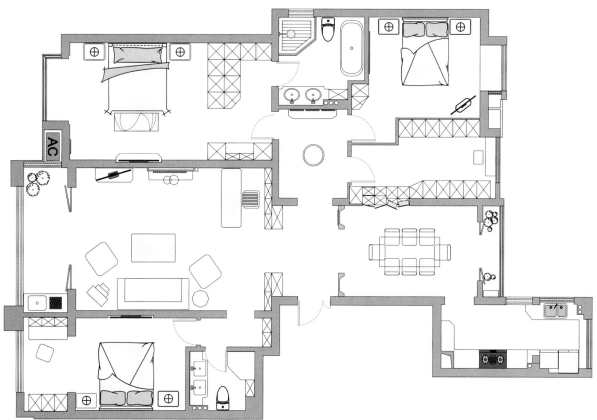

平面图

Scene Fusion
SCENE FUSION

项目名称 _Scene Fusion / 主案设计 _ 张祥镐 / 项目地点 _ 台湾台北市 / 项目面积 _300 平方米 / 投资金额 _240 万元

A 项目定位 Design Proposition
坐落于依山傍海的河岸，270 度环景落地窗将景色融入室内，悠然享受山烟涵树色、江水映霞辉的恬静生活。进门玄关处以弧形流线天花与地板石材纹理相互辉映产生律动感，走道墙面镜射延伸地面材质扩大空间感，玄关尽头采不规则线条设计营造趣味端景。

B 环境风格 Creativity & Aesthetics
公共区域温润木质地板与电视墙面石材和谐共奏，电视墙左方特别设置壁炉让居住在冬季湿冷的淡水的屋主能舒适生活，引入窗景的客厅不仅是观赏声光娱乐节目之处，更是与宾客共享日没风光静、远山清无云的幽静空间。

C 空间布局 Space Planning
通往视听室天花板的相连折线表现山峦层迭意象，侧墙同色系木质柜体兼具展示收纳功能。视听室天花高低错落延续与走道相同设计元素，镜面材质更是延伸视觉让空间更形宽敞开阔。弧形书桌提供沙发厚实依靠，后方石材墙面搭配金属层板提供收纳机能而不显狭隘。

D 设计选材 Materials & Cost Effectiveness
卧室床头整块实木切割床边桌显露天然木质纹理，地板铺设之六角几何图形编织毯与天花板延伸至床头墙面的简洁线条相得益彰，融入多种元素却不显繁杂。

E 使用效果 Fidelity to Client
餐桌旁的小沙发彷若尘嚣都市中的乌托邦，随手拾起一本身后书柜杂志或书籍，窗外云起日落伴随度过怡然自得空暇时间。

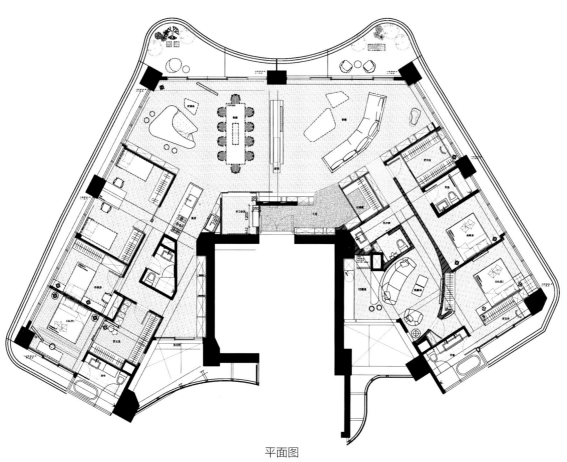

平面图

"无名"
NAMELESS

项目名称 _ "无名" / 主案设计 _ 朱印辰 / 项目地点 _ 江苏省无锡市 / 项目面积 _145 平方米 / 投资金额 _60 万元

A 项目定位 Design Proposition
在国内经济发展迅速，迎来信息化时代，人人自媒体，80 及 90 后渐渐成为市场的主要消费群体，这类消费群体自我意识比较强，对新事物接受度比较高！

B 环境风格 Creativity & Aesthetics
在空间格调强调业主自我的主张，多种元素的碰撞，当代艺术画，雕塑，原木等等让空间时而安静，时而欢乐，时而稳重，时而趣味，这就是此案例体现的空间气质！

C 空间布局 Space Planning
空间结构上原有空中花园变成多功能区，可以作为书房，阅读功能，未来也可以作为孩子与父母的亲子玩乐区。厨房与餐厅打通作为共享区，增加餐厅与厨房的互动性，同时多功能房与餐厅玻璃移门也让两者之间出现更多的可能性，让厨房餐厅与外界空间可以灵活组合变化，餐桌与橱柜的结合，早餐吧台的出现，产生生活状态的画面感。

D 设计选材 Materials & Cost Effectiveness
护墙板的选材不管是从护板造型风格，颜色和质感都是用冲突的方式在空间进行塑造，产生化学反应。软装搭配上客厅原木边几与周围摩登家具的对撞，雕塑宠物狗存在调剂了空间原有的气质，忽然变得趣味起来，书房的原木罗马柱头与周围摩登家具形成材质和风格的反差性。当代艺术画的出现让书房更具备了当代和未来性！

E 使用效果 Fidelity to Client
本案打破了原有市场流行的固有欧式美式风格类型，满足了 80、90 后的自我意识，我就是我自己，不要刻意为了某人和某事，空间追寻的是自我内心、舒服、方便、有趣、好玩、开心，快乐就足够了！

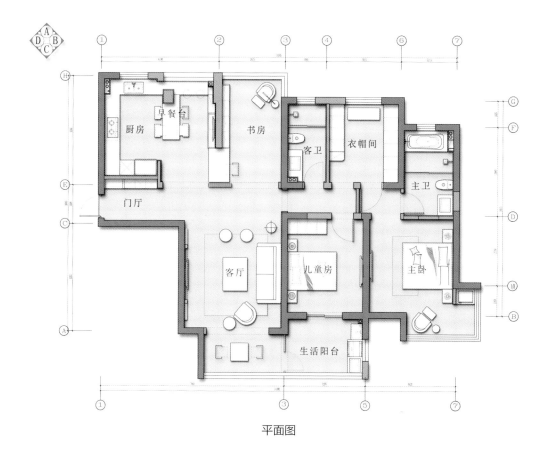

平面图

春风十里
SPRING BREEZE

项目名称 _ 春风十里 / 主案设计 _ 李凯 / 项目地点 _ 天津市西青区 / 项目面积 _ 82 平方米 / 投资金额 _ 15 万元 / 主要材料 _ 石材、陶瓷、玻璃等

A 项目定位 Design Proposition
本案例更为生活化，在满足功能同时满足美学。

B 环境风格 Creativity & Aesthetics
本案例运用了多种风格元素的搭配，混搭了些许现代、北欧元素。

C 空间布局 Space Planning
功能区的规划。

D 设计选材 Materials & Cost Effectiveness
材料上也是运用了多元素的混搭，石材、陶瓷、玻璃等相互混搭在整个空间内。

E 使用效果 Fidelity to Client
作品在原有的现代风格上做了些许其他元素的混搭，得到了业主及身边设计同行的一致认可。

560 2640 525 95 565 2040 635

飘台

儿童房

2980

阳台

755

910

客厅

卫生间

1190

1145

厨房

265

260

冰箱

1440

餐厅

165

门厅

1135

主卧

4495 960

衣帽间

260

平面图

海河大观高级公寓
HAIHE PREMIUM APARTMENT HOUSE

项目名称_海河大观高级公寓 / **主案设计**_张宝山 / **参与设计**_王杨、白福建、杨诚、张辉 / **项目地点**_天津市河西区 / **项目面积**_210平方米 / **投资金额**_236万元 / **主要材料**_雅士白大理石、硬包、不锈钢、木饰面墙板、艺术肌理涂料

A 项目定位 Design Proposition
本案海河大观设计风格是现代主义风格。提倡突破传统，创造革新，重视功能和空间组织。

B 环境风格 Creativity & Aesthetics
注重发挥结构构成本身的形式美，造型简洁，少即是多，崇尚合理的构成工艺。

C 空间布局 Space Planning
空间布局讲究以人为本，注重生活层次。

D 设计选材 Materials & Cost Effectiveness
尊重材料的特性，讲究材料自身的质地和色彩的配置效果。

E 使用效果 Fidelity to Client
业主非常满意。

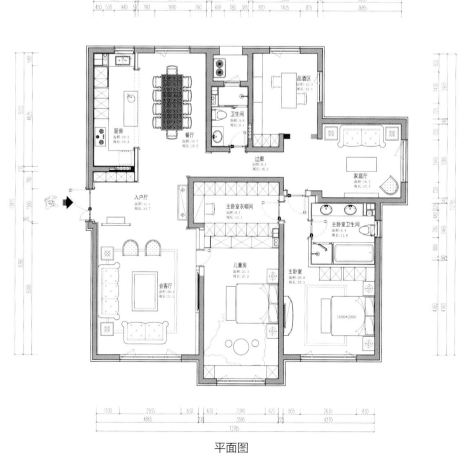

平面图

《塑》
MOULD

项目名称 _《塑》/ 主案设计 _ 池陈平 / 项目地点 _ 浙江省杭州市 / 项目面积 _255 平方米 / 投资金额 _200 万元

A 项目定位 Design Proposition

80 后是最难被贴标签的一代人,流行与高雅被等同视之,周游于世界、网络与新媒体的无界限,使得新人类具有前所未有的开放性态度,这就是解开这个丰富情感家居空间之谜的密码。 所以,即使在这样纯白的空间表面,观众读到更多的却是一场华丽的"内心戏",是内心与情感的交流与对话。

B 环境风格 Creativity & Aesthetics

"减法、去装饰化"一个颇具时尚气质的极简空间,深深吸引着我们的目光。设计师池陈平和主人以两颗年轻而不羁的心,为我们碰撞出一个艺术、原始、童趣,克制的极致空间。

C 空间布局 Space Planning

"光塑"黑、白、灰的简单过渡让家居在闪烁的光影中更见优雅。保证居家功能性的基础上与潮流接轨。人性化的家居奢华而绝不浪费,简约而绝不被潮流所抛弃。"人与空间关系的重塑"选取白色作为空间的主要色彩,是因其对光线最为敏感,移步换景之中,我们看到了空间的张弛有度,看到了光线的照入,明暗,带来的不同的光影变幻,看到了窗外的自然景观引入室内,曼妙的画卷美不胜收,营造出别样的感官体验。

D 设计选材 Materials & Cost Effectiveness

"线塑"图中的儿童活动区,线条,几何,多边形被反复执拗的利用,却依然和谐地存在于书柜、地面、顶面的边角、墙面的装饰画等各个细节之处,在这样的空间里,透明的摇椅和会发光的矮凳就宛若几件艺术品,散落在其中。在潜移默化里,塑造了人的内心。

E 使用效果 Fidelity to Client

一个好的设计只有与人的生活产生粘性,符合使用者的性格,才算一个真正有个性的空间。为别人的幸福感做嫁衣,把土豪变成雅豪。

平面图

lee house
LEE HOUSE

项目名称 _lee house / 主案设计 _ 李超 / 参与设计 _ 朱毅 / 项目地点 _ 福建省福州市 / 项目面积 _170 平方米 / 投资金额 _150 万元

A 项目定位 Design Proposition
本案原有的格局较为常规，设计师在功能处理和格局的改造上下了不少功夫，设计师在与甲方 Lee 先生的不断沟通交流中，慢慢了解了甲方对于生活品质的需求。

B 环境风格 Creativity & Aesthetics
本案的设计过程更像是一次探索，敞开式的厨房及客厅电视墙背景都采用烤漆白的面板，配以温润的木皮墙面，将空间都浸沐在匀净下，地面绵延着大面积行云流水般的瓷砖。

C 空间布局 Space Planning
本案放弃了传统的封闭式厨房，采用明亮通透的开放式厨房，并把餐厅及厨房结合一体，讲原本多余的空间改造成了影音室。透光板的线条感点亮了悬空吧台旁空间的死角。

D 设计选材 Materials & Cost Effectiveness
客厅电视墙的主背景采用熊猫白大理石，中间电视区留空下的哑光黑色钢板，将黑白韵律演奏得恰到好处，设计师用当时中间那块取掉的石材跟玻璃设计成了茶几，可以说给予了期待之上的惊喜。

E 使用效果 Fidelity to Client
设计师在与甲方 Lee 先生的不断沟通交流中，慢慢了解了甲方对于生活品质的需求——向往素雅恬静风格的同时，却也割舍不掉对艺术与色彩的偏爱，双方达成了前所未有的默契。业主对该案的完成喜爱有加。

平面图

土间宅
EARTH HOUSE

项目名称 _ 土间宅 / 主案设计 _ 尹嘉德 / 项目地点 _ 台湾台北市 / 项目面积 _198 平方米 / 投资金额 _150 万元

A 项目定位 Design Proposition

作为空间设计师，我一贯的态度是：我的本质学能与美学深度必须与屋主的内在结合，让我与屋主的心魂相互映照，进而完成一个具有深度的作品，最终让空间的图像跟屋主相互契印。

B 环境风格 Creativity & Aesthetics

本案突破传统的空间制约，使空间重新组构。将卧室以外的空间视为一个整体，把接待、谈天、分享等行为转化成型态用以构成，让接待在型态间流动。

C 空间布局 Space Planning

日本传统的建筑中，土间是作为住宅中执行所有日常工作及公共领域与私密领域的衔接，类似现今的玄关，但是却更大更具有功能性，最为一个家的中心。我将玄关、客厅、厨房三者协调的融合，看做一个具有型态的整体，放大了使用上的意义。对于一个家，接待、谈天、料理、整理与玩耍串流在一起，一方面体现了网路社群时代的内涵，也让孩子可以在四处流畅的活动，却感受母亲成为中心，可以围绕在身边，温暖了孩子的内在本质。

D 设计选材 Materials & Cost Effectiveness

本案使用了"减去"的设计观点，在不减损美学与功能性的同时，不断地去检讨材料的单一性与舍弃无谓的造型堆砌，专注在氛围的营造。橡木本色作为色彩的主调，其余依循着这个主调性，整体控制在一个范围，墙面较多的留白，塑造安静放松的氛围。材料上，多数选择非镜面处理的不反光材质，强调纹理本质，借以呼应轻松的氛围，在设计技巧、材料选择、色彩控制这三者间相互搭应。本案专注于无毒无公害以及材料生产商的制程是否符合国际环保规范，减少使用整块的实木，多以经济木材及制成为主干。

E 使用效果 Fidelity to Client

搬入新家以后，我先生与孩子喜乐不已，好似包围在一个贴着我们心境的住宅当中。我们非常感谢设计师对我们新家的投入，跟他独有的空间涵养。

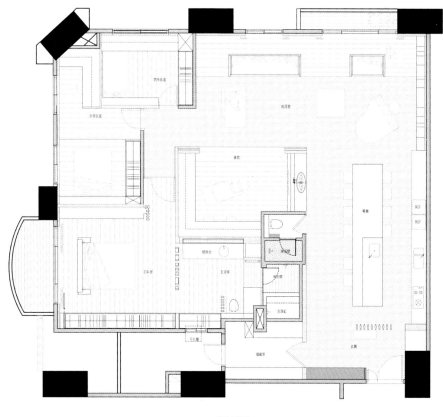

平面图

永恒时刻（洋房 717-3F）
ETERNAL MOMENT (VILLA 717-3F)

项目名称 _ 永恒时刻（洋房 717-3F） / 主案设计 _ 韩薛、刘积平 / 项目地点 _ 江苏省南通市 / 项目面积 _ 187 平方米 / 投资金额 _ 70 万元

A 项目定位 Design Proposition

本案以摄影生活为主题，灵感源自扬·特洛尔执导的电影《永恒时刻》，讲述女人和照相机的故事，影片节奏舒缓，画面美轮美奂，情节进展如静静流水，却透射出平凡生活朴素哲理。当你无法逃避庸俗的生活，你会怎么办？设计如影片之美，用艺术的眼睛看待整个世界，生活需用心发现，久而久之就能发现时光之美。设计师希望让设计融入生活，表达了生活因时光的沉淀更显高贵的质感，定格的时光才是永恒。

B 环境风格 Creativity & Aesthetics

以永恒时刻作主题展开联想，运用创意极简线条元素穿贯穿于空间，简洁而不简单，传达居住者独特的生活品位及人格魅力，传递出一种淡然闲适、自然而然的生活态度。

C 空间布局 Space Planning

在楼梯到达阁楼的衔接处，有一个小小的角落，如影片《永恒时刻》一样似乎有丰富的剧情，这里存放着善良的故事和动人的传说，这里开启主人丰富的人生故事，设计师为主人打造了整层的私人空间。 每一个文艺青年心中都有个小小的阁楼，这里沉浸着喜悦、伤感、忧郁。这里定格了热爱摄影的主人用心生活的永恒时光。设计师利用建筑原坡屋顶和斜梁重新诠释结构美，让空间既统一又多变。

D 设计选材 Materials & Cost Effectiveness

运用个性创意的家具形式和色彩，去创造当下最舒服、自由的精神的状态。空间的趣味混搭展现多元化的艺术气质，每一个细节都独立而相呼应。

E 使用效果 Fidelity to Client

亮色系是不是更能带给你轻松愉快的氛围呢？主卧的休闲阳台，视野非常开阔。赤脚踩在软软的地垫上，随意地拿起一本杂志翻阅，或抬头仰望远方，难道不是一个宜人的选择吗？舒适的沙发总是最惬意的选择，窝在温暖而柔软的靠枕上，开一盏温馨的灯光，沉静心灵，进入书中的世界，仿佛远离尘世一般的静寂，享受这片刻的沉默。

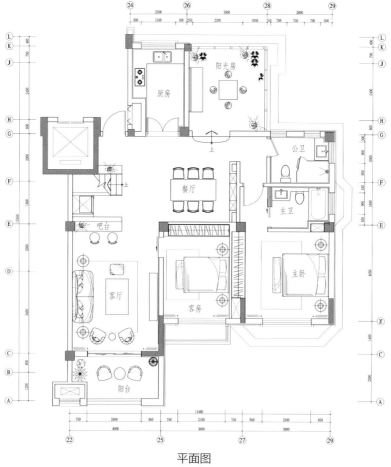

平面图

微公寓
MINI APARTMENT

项目名称 _ 微公寓 / 主案设计 _ 邹洪博 / 项目地点 _ 江苏省苏州市 / 项目面积 _21 平方米 / 投资金额 _20 万元

A 项目定位 Design Proposition
本案向您诠释了无论你的避风港是多么微小，它都可以在一番精心的设计后，摇身一变成为与众不同的每一个我们憧憬过的家。

B 环境风格 Creativity & Aesthetics
鲜明的充沛橙和皇家蓝，浮动于质感白漆和自然木色之间，在型材与织物中穿插得当，错落有致又不失整洁的 L 型布局。入户走道至床连贯的空间留白，给空间增添更多的可能。

C 空间布局 Space Planning
这是一间仅 21 平方米的公寓，它能满足你呼朋唤友，席地而坐塞着高热量零食大战《天黑请闭眼》，亦或展开你的瑜伽垫，跟着电视画面里的健身达人一起新陈代谢。

D 设计选材 Materials & Cost Effectiveness
白色、橙色亮光漆、特色马赛克，简单色彩的碰撞，创造出丰富多彩的创意空间。

E 使用效果 Fidelity to Client
得到客户的肯定，收获到了意想不到的效果，创新创造产值得到很好的诠释。

平面图

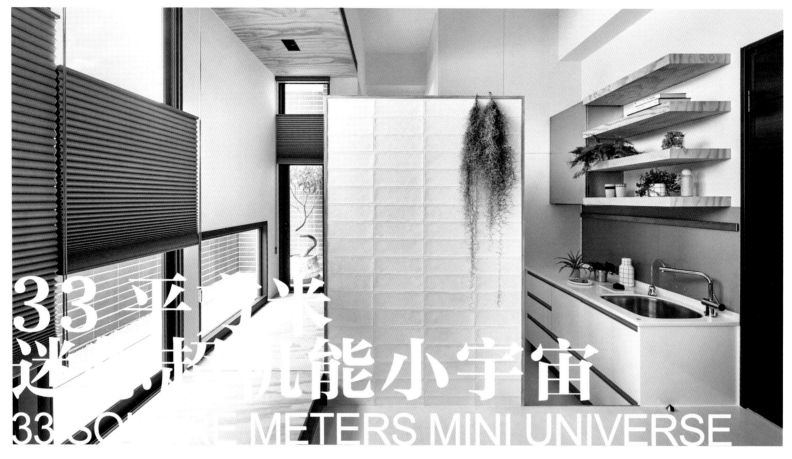

33 平方米 迷你超机能小宇宙
33 SQUARE METERS MINI UNIVERSE

项目名称 _33 平方米迷你超机能小宇宙 / **主案设计** _ 黄铃芳 / **项目地点** _ 台湾台北市 / **项目面积** _33 平方米 / **投资金额** _33 万元 / **主要材料** _ 木夹板、木纹砖等

A 项目定位 Design Proposition
狭窄的小宅，是现代都会区的趋势，让小空间也能同时拥有所有机能，并清爽、无压的生活其中，不只是居住，心灵面亦能受到照顾，是此案最大的价值与独特性。

B 环境风格 Creativity & Aesthetics
除去杂乱的铁皮屋顶，透过室内设计，改变居住者的生活视觉角度，让无特殊景致的居宅，也能拥有美丽的蓝天。

C 空间布局 Space Planning
复层的应用设计。本案拥有三米六与四米二两种室内高度，保留大面积的挑高，利用长廊串联空间，并重整空间动线。

D 设计选材 Materials & Cost Effectiveness
使用纯粹的木夹板与拥有几乎相同纹路的木纹砖串联整体，并搭配不同质感的白色运用（电视墙釉面砖、雾面白色地砖、白色烤漆），形成舒服、自然的整体风格。

E 使用效果 Fidelity to Client
全方位的动线与多角度的互动，为生活带来许多惊喜与情趣。

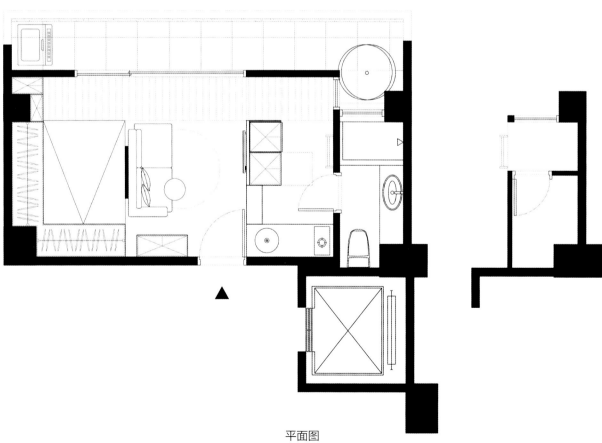

平面图

灯市口住宅改造
DENGSHIKOU RESIDENTIAL RENOVATION

项目名称 _灯市口住宅改造 / **主案设计** _青山周平 / **参与设计** _藤井洋子、**B.L.U.E.** 建筑设计事务所 / **项目地点** _北京市东城区 / **项目面积** _40 平方米 / **投资金额** _40 万元

A 项目定位 Design Proposition

家不是一个封闭的房子，而是属于城市空间的一部分。设计中引入了胡同的概念，整个空间是一个和胡同相连可以穿行的连续空间。家像是胡同街道的延伸，城市生活融入进家中，家的概念也衍生到城市空间里。

B 环境风格 Creativity & Aesthetics

胡同里的家面积虽不大，但开放通透的空间模式以及模糊的室内外界限，让人的活动同时可以在室外的庭院和胡同中进行。在传统的胡同环境中，营造开放的、自由的、有阳光的、自然的城市居住空间。

C 空间布局 Space Planning

在保证每个家庭成员有着相对独立生活空间的同时，创造一个整体的连续的开放空间，增加了人与人之间交流的机会。通高的公共走廊部分和胡同相连，像是胡同街道的延伸。二层的儿童空间是另一个连续层叠的"立体胡同"，为孩子们在室内创造一个可以像户外一样开放自由的游乐场。通向后院的大门可以整体打开，任何时候都可以将庭院的风景引入室内，室内外互通，与自然融合。

D 设计选材 Materials & Cost Effectiveness

墙面涂料采用了环保抗污的儿童漆。多处墙面及木饰面涂刷了透明的白板漆，小孩子可以随意在上面涂画并可以轻松擦掉。室外及室内多处墙体嵌入发光砖，白天吸收日光，夜晚能自然发光。

E 使用效果 Fidelity to Client

通过改造，改善着业主一家人的生活状况，并且让更多的人再认识胡同的住居环境，让胡同变成更活跃的生活场所。

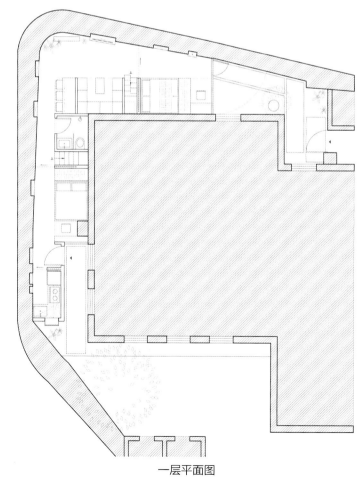

一层平面图

裸色
NUDE COLOR

项目名称 _裸色 / **主案设计** _王梅 / **参与设计** _姚小龙、张安铌 / **项目地点** _江苏省南京市 / **项目面积** _93平方米 / **投资金额** _30万元 / **主要材料** _红砖、水泥、玻璃

A 项目定位 Design Proposition

厌倦了千篇一律的设计风格，想让生活来点与众不同，年轻人就是这样敢做敢想！这套户型并不大，业主是一对年轻小夫妻，个性而不拘泥，对家有着自己独特的创意想法。

B 环境风格 Creativity & Aesthetics

务实的采光设计，更包含对周边的相类环境的认同态度，也标志着生活在其间人的生活状态本身的非私秘色彩。

C 空间布局 Space Planning

对生活自由的渴望，让他们将卧室和厨房也都置于开敞的空间中，因为较小的家庭单元对私密性和居住空间的功能划分没有强烈的要求，强烈的空间感和空间造型给人以视觉冲击，更好地体现出艺术性和创造力这样也能形成内外景观的互相渗透。

D 设计选材 Materials & Cost Effectiveness

设计师将建筑材质暴露，刻意将水泥、红砖肆意展现，各类工业残留物审美化、水泥、管道、金属，对这对年轻人来说已经不再意味着紧张和压抑，不再是单调与冷漠，而是踏破铁鞋苦苦相寻的个性和时尚。

E 使用效果 Fidelity to Client

这就是所谓的"裸装"，也就说看似没装，其实花了无限的心思；水泥墙面暴露在外，无需修饰，简单却彰显个性。

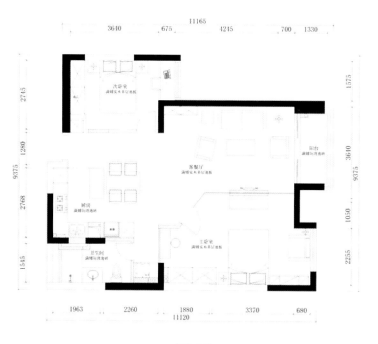

平面图

Office

办公空间

猎豹移动全球总部办公大楼
CHEETAH MOBILE GLOBAL
HEADQUARTERS OFFICE BUILDING

湖畔 山 南
RIVERHILL FUND

杭州绿地中央广场1号楼智慧办公
HANGZHOU GREENLAND CENTRAL
PLAZA NO.1 BUILDING SMART OFFICE

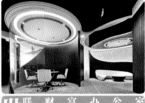

世联财富办公室
THE WORLD
WEALTH OFFICE

YY欢聚时代总部大楼
YY REUNION ERA
HEADQUARTERS BUILDING

鸿坤艺术金融办公室
HUNG KUN ART
FINANCE OFFICE

简璞设计办公室
JANE PU DESIGN OFFICE

容子木创意空间环境设计—从自然而来
ROSEMOO CREATIVE SPACE
ENVIRONMENT DESIGN—COMES FROM NATURE

北京世界城 FUNWORK
BEIJING FUNWORK

竞园22号楼改造
PARK 22 BUILDING
RENOVATION

猎豹移动全球总部办公大楼
CHEETAH MOBILE GLOBAL HEADQUARTERS OFFICE BUILDING

项目名称 _ 猎豹移动全球总部办公大楼 / **主案设计** _ 罗劲 / **参与设计** _ 张晓亮、杨振洲、程菲、周丹 / **项目地点** _ 北京市朝阳区 / **项目面积** _40000 平方米 / **投资金额** _14000 万元

A 项目定位 Design Proposition
办公环境充满了全球化氛围和丰富的地域气质，员工在这里工作随时感受到时代的脉动和世界不同文化间的互动融合。

B 环境风格 Creativity & Aesthetics
猎豹总部大楼集多种商务功能与主题形式于一体，设计充分彰显了当代互联网企业的创意活力和性格特质，诠释探索了新型互联网企业面向未来发展的空间创意模式。

C 空间布局 Space Planning
原建筑为一栋内含三个长方形院落的条式多层办公楼，艾迪尔的设计师们大胆地将原有东西两个院落进行了室内化整合处理，将其打造成贯通三层充满阳光的室内中庭共享空间。

D 设计选材 Materials & Cost Effectiveness
公司楼层的设计突显了功能效率和人文关怀的有机结合。这里开放办公区的家具配饰根据不同形状符号和色彩构成进行了分区，在主通道边的休闲区主要部位配置了轻便的赛格威电动平衡车，员工可以轻松地在开阔的办公环境下相互移动交流，办公区便捷的各式座椅沙发随处可见；高饱和靓丽的色彩和丰富的图形元素以及有趣的墙面涂鸦，打造出一个充满青春创意、有趣又好玩的工作场所；办公楼内既设计了供员工休闲聚会的大型 KTV 房间，也设计了舒适的医疗室、理发室和按摩室，让员工感到舒适惬意；在各层不同区域的茶水休闲区是分别按照美式、日式、法式等几个主要国家风格主题而设计的，而大大小小二十几个会议室则按照纽约、洛杉矶、芝加哥、伦敦等主要欧美城市的地域特征进行了配饰处理。

E 使用效果 Fidelity to Client
改造后的整体办公空间既是创意的工作场所又是疯狂的交往乐园，既融入了时下创业年轻人需求的移动办公和协作空间，又展现了花园式办公带来的绿色生态景观和地域文化风貌，促进了公司内部的沟通融合也同时增强了员工的凝聚力和归属感。

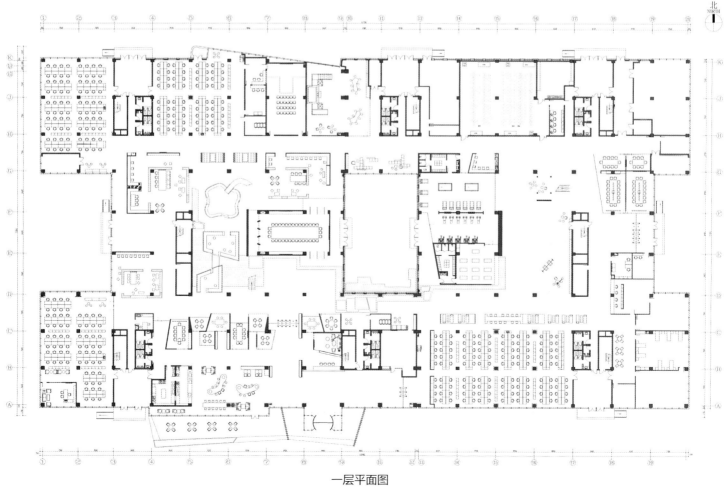

一层平面图

湖畔山南
RIVERHILL FUND

项目名称 _ 湖畔山南 / 主案设计 _ 孙洪涛 / 参与设计 _ 郑水芳 / 项目地点 _ 浙江省杭州市 / 项目面积 _ 400 平方米 / 投资金额 _ 150 万元 / 主要材料 _ 青砖、旧木头等

A 项目定位 Design Proposition
本案设计初衷就是让建筑、景观、室内设计融入自然，而这种设计理念就来源于这个项目所处的背山面水非常自然的环境，来源于项目本身应有的气质。

B 环境风格 Creativity & Aesthetics
"湖畔山南"既是投资公司的名字同时也刚好与它项目所在地的自然条件相吻合，建筑所处的环境也是湖畔、山南，前有湖后有玉皇山，推开门窗就可以直接与自然亲近，因此我们在建筑改造设计时把所有门窗全部做最大化改造，将自然景观直接引入室内。

C 空间布局 Space Planning
在室内设计时也尽量做到"自然生长"，保留了原建筑的中式屋顶及梁架结构，只是在灯光上做了重新梳理，添加的主材也全部采用有历史感的青砖、旧木头等，让室内空间尽量减少装修的痕迹。

D 设计选材 Materials & Cost Effectiveness
保留了原建筑的中式屋顶及梁架结构，只是在灯光上做了重新梳理，添加的主材也全部采用有历史感的青砖、旧木头等，让室内空间尽量减少装修的痕迹。

E 使用效果 Fidelity to Client
在建筑改造设计时把所有门窗全部做最大化改造，原始的窗洞给人压抑，视觉受到局限性，反之将其做成落地门窗形式使得空间明亮通透，将自然景观直接引入室内。

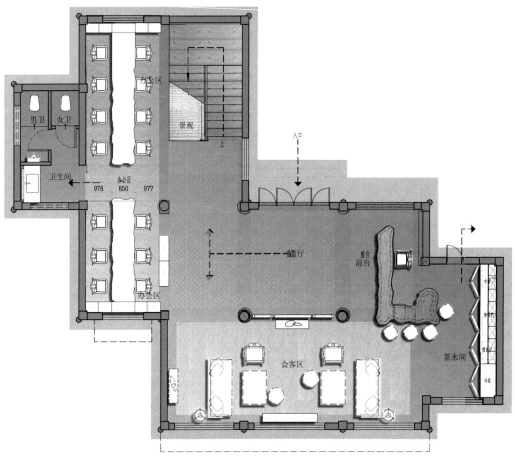

一层平面图

杭州绿地中央广场
1号楼智慧办公
HANGZHOU GREENLAND CENTRAL
PLAZA NO.1 BUILDING SMART OFFICE

项目名称 _ 杭州绿地中央广场1号楼智慧办公 / 主案设计 _ 张力 / 参与设计 _ 吴紫燕 / 项目地点 _ 浙江省杭州市 / 项目面积 _1190平方米 / 投资金额 _500万元 / 主要材料 _ 铝板、玻璃、墙纸

A 项目定位 Design Proposition

这是一处位于办公大楼中带有服务、租赁性质的办公空间，拥有1190平方米的室内面积。设计任务是建造一个涵盖多功能、多空间，低调奢华而又不失现代时尚感的办公环境。

B 环境风格 Creativity & Aesthetics

踏入接待区，映入眼帘的就是呈飘带状的冲孔铝板，融合着LED灯光，给人一种时光的穿梭感。穿过接待区，天花、墙面、地面形成多条弧线纷纷引导着空间的动线，这些弧线让本来中规中矩的空间也赋有了些许灵动。

C 空间布局 Space Planning

源于建筑的特有性，平面布局我们以电梯厅为中心，设置了游走全空间的回型通道，简单的动线使空间利用率最大化。

D 设计选材 Materials & Cost Effectiveness

空间以白色、灰色为基调，同时呈现铝板、玻璃、墙纸三种不同的质感，丰富了空间的层次感。书吧区域那一抹绿色增加了空间的生机和活力，营造了一个愉悦的工作环境。

E 使用效果 Fidelity to Client

该项目最吸引人的地方就在于可以向周围的办公人士提供不同的办公需求。在这里，你可以租赁单人办公区、私人办公室、多人办公室、会议室、企业展示区和企业服务窗口。除了租赁的空间，这里还向办公人士提供了书吧、咖啡吧、健康小屋，让人在办公休闲时间可以好好地放松心灵。

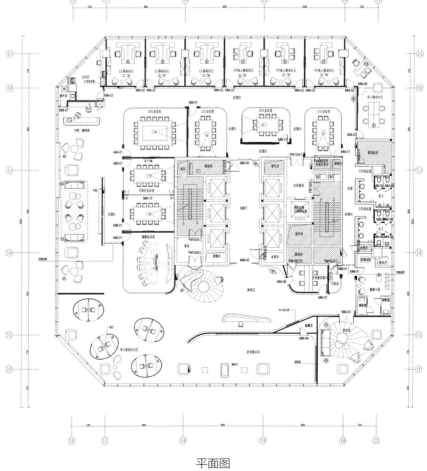

平面图

世联财富办公室
THE WORLD WEALTH OFFICE

项目名称 _ 世联财富办公室 / 主案设计 _ 杜柏均 / 参与设计 _ 王稚云、季丹 / 项目地点 _ 上海市浦东新区 / 项目面积 _180 平方米 / 投资金额 _ 600000 万元 / 主要材料 _ 漆等

A 项目定位 Design Proposition
设计师杜柏均用耐火板、烤漆玻璃这样低调的材料，营造出了未来感满满的办公室，向我们表达了一种设计的心声：朴素的材料通过不同的设计手法和平面布局，一样可以做到震撼心灵的设计美。

B 环境风格 Creativity & Aesthetics
从平面上看，一个完整的"8"字形吊顶从玄关流水线般地延伸到了室内的小型洽谈区。整个玄关空间采用了博物馆场景的视觉效果。玄关主背景墙采用两种不同材质的弧形线条交织在一起，很好地化解了墙面的棱角。

C 空间布局 Space Planning
小型的洽谈室用玻璃把它打开，这样，这里不仅是工作区域，也可以偶尔用来吃个工作简餐。最重要的是，这里其实也是玄关的一部分，从天花板吊顶的连贯性上来看，它已经和玄关不分彼此了，这里就是企业的"宇宙中心"，暗示着企业的事业从这里发散开来。一道用电浆玻璃分割的墙面让会议室有种魔术般的效果。开会的时候，电浆玻璃打开就是完全封闭的空间；不开会的时候，电浆玻璃封闭就是一个明亮的空间。员工的办公区域则是用一个高柜来营造幽默感，上面的柜体用钢架支撑，幽默点出现在中间部分，一个斜的平行四边形的连接件采用独特的斜边，据说是为了印证董事长关于"社会变化莫测，做人务必不要自大"的人生格言。

D 设计选材 Materials & Cost Effectiveness
整个设计中黑白两色是主调，玄关部分主黑，办公区域则主白，但两者又在其中穿插着彼此的色彩，很好地诠释了平衡之美。另外设计师在吊顶的部分尽量维持了原有物业的状态，没有过多的装饰，只是整体喷上了黑色的漆，流露出工业风的味道。

E 使用效果 Fidelity to Client
纵观整套案例，之所以说设计的伟大，不是在乎材料的昂贵，而是在于设计师的用心，想业主之所想，才是最好的设计"未来"。

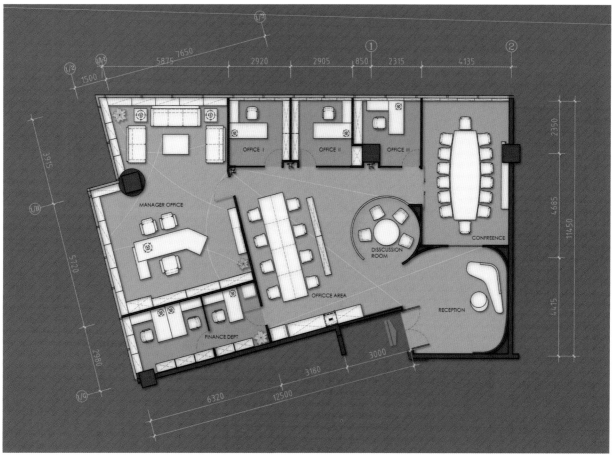

办公室平面图

YY 欢聚时代总部大楼
YY REUNION ERA HEADQUARTERS BUILDING

项目名称 _YY 欢聚时代总部大楼 / 主案设计 _覃思 / 参与设计 _杨光发、周彬、段志向 / 项目地点 _广东省广州市 / 项目面积 _30000 平方米 / 投资金额 _5000 万元 / 主要材料 _铝单板、钢化玻璃、GRG 玻璃纤维加强石膏板

A 项目定位 Design Proposition

位置所在番禺大道北 CBD 商务区，办公楼层 23 ～ 39 层，办公面积 30000 平方米，东临长隆度假区，北处珠江新城，具有极佳的观景角度。办公楼基础设施配备完善，集中了经济、科技和文化力量，同时具备服务、展览、咨询等多种功能，是一座现代化甲级办公楼。

B 环境风格 Creativity & Aesthetics

围绕欢聚、沟通、家居味、人文化的主题，将 YY 欢聚时代办公楼打造成现代化、科技化、家居化的办工场所，让前来参观的客户及员工领受家的感觉。

C 空间布局 Space Planning

以"欢聚、大客厅"为设计理念，以崭新的手法为员工打造亲和、舒适、自在的空间，将每一寸空间都充分利用，使各个空间都具有功能性，简洁的线条，打造出理性的空间，绚丽的灯光，照应出科幻的色彩，打造出具有独特品牌形象的办公空间。

D 设计选材 Materials & Cost Effectiveness

标准层选用硬朗的铝单板和通透的钢化玻璃作为主要的材料，营造一种现代化、科技化的办公氛围。接待层选用当今市面上最为流行的材料之一（GRG 玻璃纤维加强石膏板）作为主要的材料，在门厅部分选用 GRG 叠级树造型，将人带入一种现代化的科技国度，室内家居式的设计及家居布置，让前来参观的客户及员工感受家的感觉。

E 使用效果 Fidelity to Client

以简洁的手法，明亮的手法，家的味道设计，员工可在这里惬意地洽谈，轻松地工作，开放的休闲空间让工作变得不再死板。

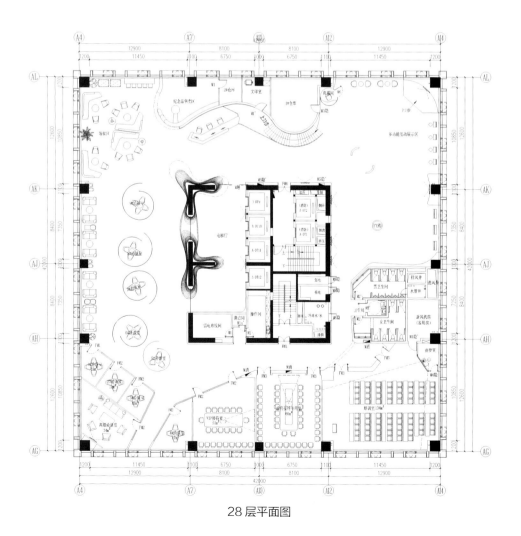

28 层平面图

2806
洽谈室
Conference Room

鸿坤艺术金融办公室
HUNG KUN ART FINANCE OFFICE

项目名称 _鸿坤艺术金融办公室 / 主案设计 _孙大勇 / 参与设计 _Penda 团队 / 项目地点 _北京市 / 项目面积 _171 平方米 / 投资金额 _200 万元 / 主要材料 _镜子

A 项目定位 Design Proposition

设计语言延续了鸿坤美术馆的拱的语汇，鸿坤金融馆是鸿坤美术馆的延续。它近临美术馆，同时也是美术馆社会功能的延伸。设计语言也延续了美术馆拱的语汇。但是金融空间的结构面临新的问题，比如首层面积有限和地下空间比较封闭。所以设计在入口处打通了楼板，使自然光直接照亮地下空间。同时设计的大台阶可以把人流引入地下空间，也可兼做报告厅使用。中央的核心是由拱和镜子构成的多维度体验空间，仰望如同走进了埃舍尔的矛盾空间之中。身体在空间中多次反射，意识也游离于有限与无限之中，这也是空间中最大的特点所在。圆形的开孔使人可以从不同角度欣赏这个空间的魅力，背后是一个禅静的茶室。看与被看成为人与空间最深的意味。如同艺术之与生活一样，人游走于画境同时也游走于自己的内心。

B 环境风格 Creativity & Aesthetics

多维度体验空间，仰望如同走进了埃舍尔的矛盾空间之中，身体在空间中多次反射，意识也游离于有限与无限之中。

C 空间布局 Space Planning

首层面积有限和地下空间比较封闭，所以设计在入口处打通了楼板，使自然光直接照亮地下空间。同时设计的大台阶可以把人流引入地下空间，也可兼做报告厅使用，中央的核心是由拱和镜子构成。

D 设计选材 Materials & Cost Effectiveness

以拱的设计形态，加之镜子材料的使用，使空间变成多维度体验空间。

E 使用效果 Fidelity to Client

看与被看成为人与空间最深的意味，如同艺术与生活一样，人游走于画境同时也游走于自己的内心。

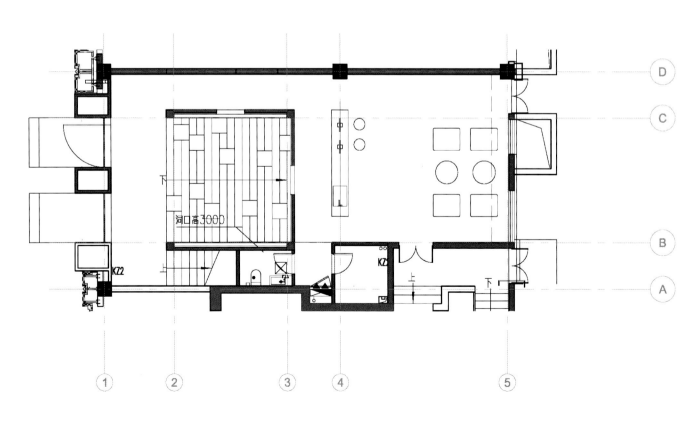

一层平面图

简璞设计办公室
JANE PU DESIGN OFFICE

项目名称 _ 简璞设计办公室 / 主案设计 _ 文超 / 项目地点 _ 四川省泸州市 / 项目面积 _ 150 平方米 / 投资金额 _ 30 万元 / 主要材料 _ 镜子

A 项目定位 Design Proposition

作为泸州地区唯一的一家专业室内设计公司，我们希望通过办公空间的营造，让受众了解到设计真的意义与价值，设计，不是一味的材质堆砌。同时，此办公室的空间风格呈现，也正在不断影响着泸州地区的室内设计走向。

B 环境风格 Creativity & Aesthetics

我们抛弃了传统的办公室布局形式，集中的办公区域便于设计工作者的交流跟衔接。开放的吧台、茶室也让整个空间更轻松舒适。同时在个人办公区及会议室引入绿植的陈设，也让整个空间更为清新自然。

C 空间布局 Space Planning

因建筑空间原本为扇形结构，所以，在空间的再分割与利用上，我们花了很大的功夫，就目前而言，利用率几乎 100%，且通过重新分割后，各空间更显规整、独立，完全摆脱了扇形的束缚。

D 设计选材 Materials & Cost Effectiveness

本案例所有用料均为基础材质，即最普通的装饰材料，我们希望通过该案例展示给我们的受众，设计是可以创造出更高的价值的，而并非一味的材质堆砌。水泥、白乳胶漆、原木、碳钢，均有它的温度。

E 使用效果 Fidelity to Client

至办公室实际投入使用后，工作室成员工作积极性明显提高，办公效率也有明显提升，客户到公司也能更加清晰地感受到一家设计公司该有的精神状态。同时，因为它的呈现，我们也正在引领着该地区广大受众对于设计的认知，正在往着正确的方向迈进。设计创造价值。

Jade Sim Ple
Design

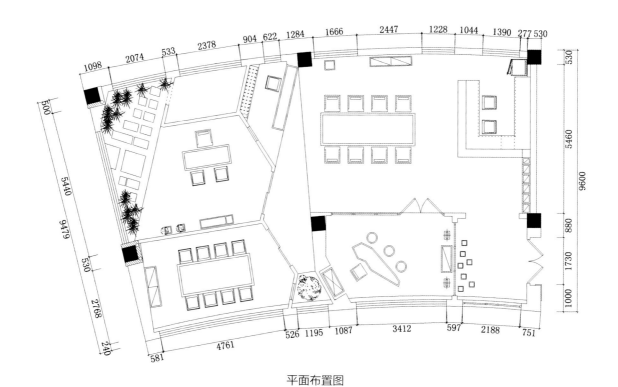

平面布置图

阅读

容子木创意空间
环境设计——从自然而来
ROSEMOO CREATIVE SPACE ENVIRONMENT
DESIGN - COMES FROM NATURE

项目名称 _ 容子木创意空间环境设计——从自然而来 / 主案设计 _ 崔树 / 项目地点 _ 北京市朝阳区 / 项目面积 _3800 平方米 / 投资金额 _440 万元 / 主要材料 _ 竹子

A 项目定位 Design Proposition

ROSEMOO 创意空间环境设计在这简约包容的表象背后，倡导着爱自然、爱自由的生活方式，并演绎着心灵故事。

B 环境风格 Creativity & Aesthetics

整个设计里面有很多我们对当下环境的一种思考，ROSEMOO 一直是崇尚自然的，这也是我们"寸"设计开启构思的源流。我们的设计由此入手，打破常规的门，创造出一个个独立却又相互穿插的盒子，这一设计的核心就是"分享"，旨在为今天的工作场所提供一个具有针对性的办公平台解决方案。

C 空间布局 Space Planning

两层楼、3000 平方米，这里我们划分出了功能临界点，一层的男装设计部、女装设计部及童装设计部靠一条狭长的走廊规划到一侧，并分别以优雅、沉稳、活泼的表现手法加以诠释，展现出不同的空间个性。入口侧的位置，有一个变向 45 度的咖啡厅，其中竹子是唯一的装饰元素，搭配木质餐桌椅。从设计部到工区要通过一条 15 米的走廊，狭长且满是朦胧的光亮。走廊的尽头是 ROSEMOO 的童装式样区，鲜艳的橱窗展示颇具妙趣，但在其身后更是别有洞天，橱窗背后悬挂的墙片处才是真正的入口。从这个工区进来时，既体验到孩童时期的氛围，实际上也是他的办公室。在楼梯处有三个去往不同区域的入口，我们靠对地平线的处理把一楼、二楼分割开来。在二层，纯白是唯一的设计语言，各行政部门以盒子为造型嵌入整体，理性地各司其职。

D 设计选材 Materials & Cost Effectiveness

空间中我们用竹子做了些体块儿，拿竹子让他形成小的咖啡区域，员工可以在这里聚餐与交流，离开咖啡厅，竹片继续延伸，绕过前厅转而奔向楼梯，在二楼入口处戛然而止，之外就再也没有竹子的元素了。

E 使用效果 Fidelity to Client

好的设计应该不止是美，它更应该是美好。看上去很安静，使用者很舒服，感受上去很美。

一层平面图

男装事业部
Business Division

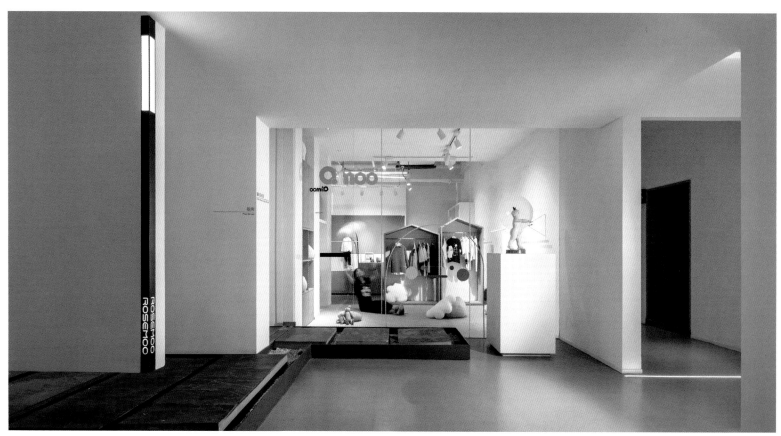

北京世界城 FUNWORK
BEIJING FUNWORK

项目名称 _北京世界城 FUNWORK / **主案设计** _廖建锋 / **参与设计** _谢圣海、钟江晓、陈文良、陈祖川 / **项目地点** _北京市朝阳区 / **项目面积** _5300 平方米 / **投资金额** _1500 万元 / **主要材料** _橡木原木板、地毯、地塑等

A 项目定位 Design Proposition

颠覆80、90后封闭、无趣、压抑的工作方式，打造全国最大的创业、办公生态社群的概念，在北京的钢铁丛林中，一个自然生态的办公氧吧就此诞生。

B 环境风格 Creativity & Aesthetics

改变了旧的办公模式，为创业者创建一个完整的服务型社区，提供更多的配套服务，提供更大的交流平台与信息。摆脱传统封闭办公空间的束缚，追求人与自然、空间的完美融合。

C 空间布局 Space Planning

考虑创业者的特殊性，在功能及心灵上的需求有所不同，我们需做出真正切合客群需求的产品而不是简单的生搬硬套。我们用了大面积来作为公共空间，打通人与人之间的隔阂，让入驻团队可以跟不同的人群做一些思想上的交流和碰撞。例如我们的创业树、根据客户使用需求而研发的办公桌、数学上"∞"的头脑风暴区，代表着无限的机遇，寓意着入驻企业在此的无限商机和无限发展、阅读区的蜂窝墙、类似小房子的可移动的单人卡位区等等，还植入了滑滑梯、秋千椅、书吧、咖啡吧、按摩室、娱乐区等休闲功能大量融入办公空间当中，休闲和工作的界限不再是泾渭分明，而是相互融合彼此包容，打破以往中规中矩的束缚，以一种更具跳跃性的形式呈现。

D 设计选材 Materials & Cost Effectiveness

为了给客群最好的品质感受，对比同行只是简单的喷绘及简易的材质，我们在材质的使用上追求本质上的感受。在设计过程中力求还原最真实的色彩，找寻符合 FUNWORK 空间性情的材料。做到物尽其用，将自然纯朴的质感与触感融入空间中。

E 使用效果 Fidelity to Client

不同于常规办公室压抑的办公环境，在这个空间内，可以穿拖鞋，可以打台球，也能在工作的同时认识许多新伙伴，这对许多90后创业者来说是非常重要的。

一层平面图

二层平面图

竟园 22 号楼改造
PARK 22 BUILDING RENOVATION

项目名称 _ 竟园 22 号楼改造 / 主案设计 _ 程艳春 / 项目地点 _ 北京市朝阳区 / 项目面积 _600 平方米 / 投资金额 _200 万元

A 项目定位 Design Proposition

建筑师利用了互联网式思维和体验式空间的共通之处，以空间趣味性和灵活性为出发点，通过家具隔断及光线控制创造出具有多重办公可能性、充满互动的叙事空间。

B 环境风格 Creativity & Aesthetics

这个项目中，建筑师除了要为 100 余人创造丰富的组合式办公空间，另一项挑战就是对自然光线的重新调整。

C 空间布局 Space Planning

整个方案的本初概念是在占地面积 330 平方米的仓库里建立一个全新的空间秩序。植入了钢结构夹层的竟园 22 号楼共有 2 层，每层平面交通均成回字形。中庭不仅构成了整栋房子的视觉中心，其下方的大型会议区和投影墙同时也成为了功能中心，是公司集会和娱乐的主要场所。围绕中心生成的办公空间具有很大的开放性，保证员工之间能够随时进行无障碍交流。非线性办公场景的剪辑通过建筑师的设计最终由使用者自由呈现出来。与此同时，这些也都是能随着团队成长而不断发展的空间，当固定工位不够时也可以保证新增员工的正常工作。 改造过后的主入口是一个盒式暗空间，除其门和雨棚的功能外还安装有悬挂自行车的装置。这个黑盒子与室内的主楼梯紧密联系并形成了一条主要交通动线。次入口位于建筑物西侧，与大阶梯相连，是员工进出的辅助线路。

D 设计选材 Materials & Cost Effectiveness

西立面上，新砌成的半透明玻璃砖墙代替了旧有的红砖，在避免产生西晒的同时为 22 号楼西侧公共空间提供了柔和、舒适的光线。出于对成本的控制，建筑师安装了百叶窗以方便使用者随时调整室内进光量，夏天关上百叶窗还能起到一定的隔热效果。

E 使用效果 Fidelity to Client

每天早晨，员工都会穿过象征着模式转换的暗盒子，然后在满洒晨光的办公楼里找到属于自己的那一幕叙事场景，开启崭新的一天。

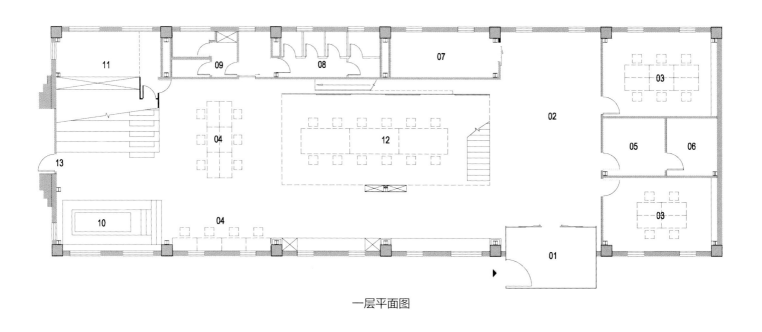

一层平面图

Exhibition

展示空间

上海中心大厦观光体验厅
SHANGHAI CENTER
TOWER SIGHTSEEING HALL

台北公共住宅展
TAIPEI PUBLIC
HOUSING EXHIBITION

贾平凹文化艺术馆
JIA PINGWA CULTURE
AND ART MUSEUM

一亩三分地艺术空间
THE THIRD OF AN
ACRE OF ART SPACE

黑白之间——隽永的当代性
THE BLACK AND
WHITE - TIMELESS

英博唐卡艺术中心
ANHEUSER
BUSCH ART CENTER

上海中心大厦观光体验厅
SHANGHAI CENTER TOWER SIGHTSEEING HALL

项目名称 _上海中心大厦观光体验厅 / **主案设计** _ 李晖 / **参与设计** _ 刘骏 / **项目地点** _ 上海市浦东新区 / **项目面积** _4000 平方米 / **投资金额** _1800 万元 / **主要材料** _ 水泥板、人造石、拉丝不锈钢

A 项目定位 Design Proposition

上海中心总建筑面积达到 57.6 万平方米，建筑总高度 632 米，成为上海第一高楼，主体结构高度 580 米，楼层数地上 127 层、地下 5 层。这个项目中，建筑内容纳了所有的功能，作为一幢综合性巨型高层建筑，大厦集国际标准的超甲级办公楼、超五星级酒店、精品商业、观光旅游和文化展览、特色会议中心五大功能为一体。其中 B1 层展示厅，118 层、119 层为观光厅，上海体验观光创新，打造中国观光之旅。

B 环境风格 Creativity & Aesthetics

上海中心如何破局打造全新的观光体验模式？设计将新媒体结合本位思考，营造全新的体验式观光。内容设计突破传统高层建筑观光局限，高层观光建筑不仅要具备静态观光的功能，传递科普信息也是本项目承担的重要使命。同时通过扩大命题本身的内涵和外延，充实整个体验之旅的内容。

C 空间布局 Space Planning

B1 层作为展示区域和城市客厅，下沉式广场主入口；公共流动区域进入观光展示厅，以非常开放的姿态迎接外来游客的到来。合理布局的同时，打造全新的垂直式参观流线，营造全新的观光体验模式。

D 设计选材 Materials & Cost Effectiveness

整体选材基于受众群体的观光体验感为核心，黑镜玻璃结合了触控式透明液晶屏，营造展陈空间的通透、科技与延伸，白色镂空的雕刻版大面积铺陈，提升了空间的明亮度。木色的穿插，柔和了空间材质的硬冷质感。

E 使用效果 Fidelity to Client

上海中心大厦的"靓点"不仅是高度和建筑面积，这栋摩天大楼将打造成为环保节能的绿色建筑、可持续发展的大楼，要打造"垂直社区、绿色标杆、科技智造、文化创新"的目标，即上海中心要重新定义超高层建筑的内涵。

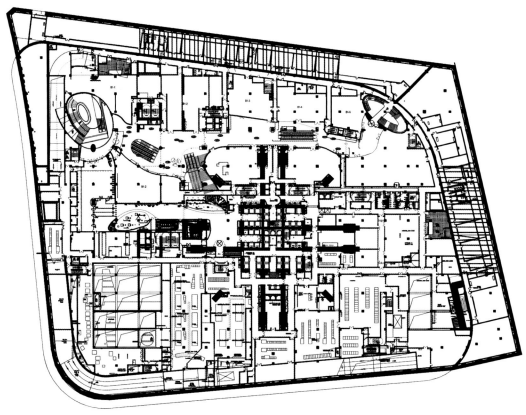

平面图

台北公共住宅展
TAIPEI PUBLIC HOUSING EXHIBITION

项目名称 _ 台北公共住宅展 / 主案设计 _ 邵唯晏 / 参与设计 _ 阎瑄 / 项目地点 _ 台湾台北市 / 项目面积 _450 平方米 / 投资金额 _12 万元

A 项目定位 Design Proposition

城市发声．开放性．对话 The Voice Of The Citizens．Openness．Dialogue 公民意识抬头，居住正义成为全民关心的议题，透过公共住宅展览创造一个城市与公民交流的平台。以城市建筑量体为空间概念发想，期望以开放思维走访民居生活，体验场所精神，并透过展场再诠释多面向的公共住宅议题，内容囊括城市未来发展的轮廓、用真实史料记录公共住宅发展，以及探讨法规与制度限制下的局限性，设计开放性的互动经验开启对于未来居住的想象。

B 环境风格 Creativity & Aesthetics

白色力量 The White Power，白色象征着纯洁、和平、正义，同时也是柯市长身穿白袍行医期间济弱扶贫的精神象征。让公共宅承载这白色精神，发挥最大的居住正义。

C 空间布局 Space Planning

漂浮之岛 The Floating Island，落实公共住宅是台湾青年共同的愿景，于展场设计上秉持这般信念，采用全玻璃打造一座象征希望的漂浮之岛，岛上承载着公共住宅建筑模型，透过光影投射在地面上，意喻着这些愿景未来都会完整呈现在台北的土地上，公共住宅将是日后住宅结构不可或缺的一部分。

D 设计选材 Materials & Cost Effectiveness

一坪空间 3.24 平方米，透过一坪大小的空间，以大型量体吸引参观者目光并且引导入展间，而围塑出来的空间象征着住宅空间是人民的基本需求，非奢侈品。

E 使用效果 Fidelity to Client

家．巷 | Home Alley，在空间中置入家的意象量体，唤起民众对家的渴望与想象，让民众可以品味三维空间与二维平面交迭而成富有层次的生活况味。

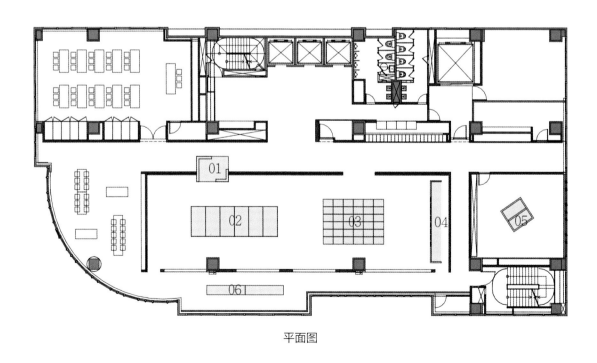

平面图

空中看台北
Taipei from the Air

2015——December 19————————2016——March 6

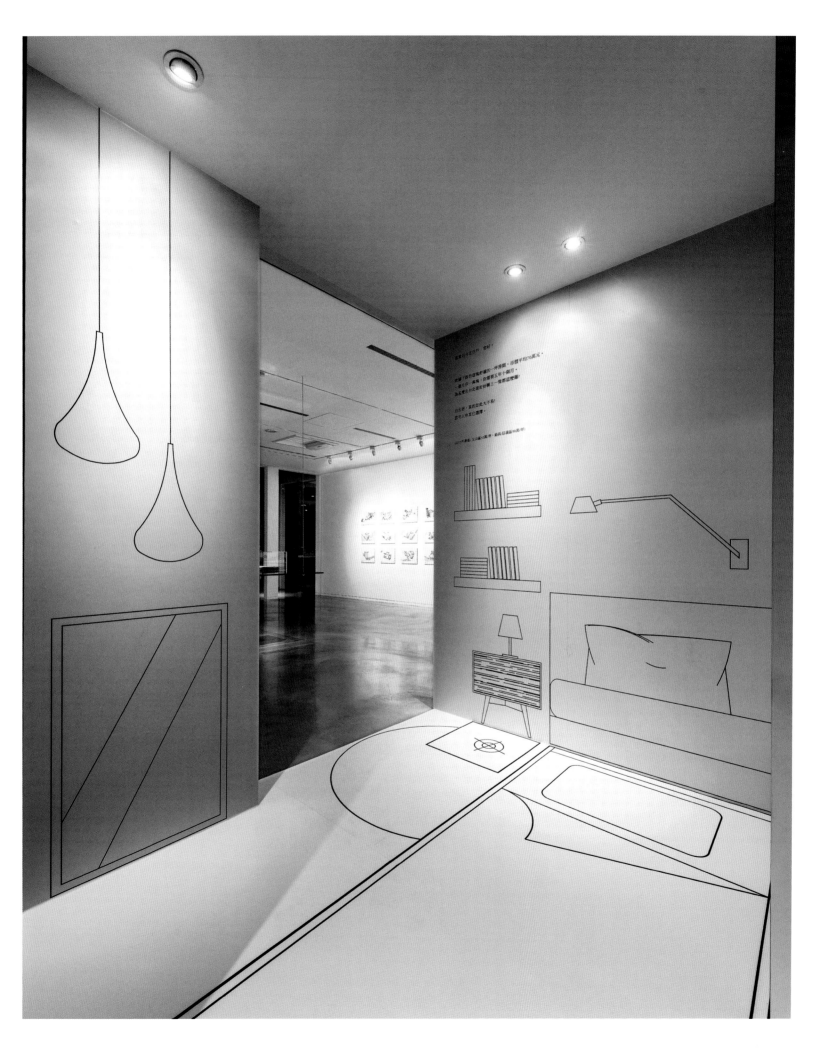

贾平凹文化艺术馆
JIA PINGWA CULTURE AND ART MUSEUM

项目名称 _ 贾平凹文化艺术馆 / 主案设计 _ 邵唯晏 / 参与设计 _ 杨咏馨、杨惠财 / 项目地点 _ 陕西省西安市 / 项目面积 _ 4640 平方米 / 投资金额 _ 600 万元 / 主要材料 _ 科定、乳胶漆、黑色格栅

A 项目定位 Design Proposition
为承续贾平凹老师的文学造诣，本馆由然而生，主展厅的设计主轴为创造贾老师童年回忆中的四合书屋，围绕在院内天井老树下的读书记忆，同时斜屋顶的形式则响应了贾平凹艺术馆本身的建筑语汇。

B 环境风格 Creativity & Aesthetics
由于二层室内高度最高处可达十几米，因而在设计策略上创造了三个低矮的展示盒子，提供成为弹性使用之特展区。同时低矮尺度的空间策略，也有效将大型风管设备隐藏，也与我们创造出的挑空过道产生对比，企图营造空间上的对比及视觉张力。

C 空间布局 Space Planning
建筑设计取自贾平凹朴实、内敛的性格为切入点，并以他文学作品中所体现出的文化冲突为设计理念，用简洁、硬朗、大气的当代语汇来诠译关中地区的合院建筑，而建筑外部则以传统关中民居灰黄色石材为底，透过打磨及深刻痕，使整个建筑充满历史的厚重感，同时又透露出时代的气息。另外，室内空间材质及色彩的呈现上则大量使用温润的木质材料，响应贾平凹对乡村文化变革的情感，而部分深色系色彩及金属材质的安排，则让整体空间的基调沉稳而富有层次。汉字的"平凹"二字，是意象转换的核心主轴，从建筑至室内、自软装包含家饰，都一以贯之。建筑主体的凹字型平面与单坡的屋顶形式采撷自于关中民居的传统建筑，同时也巧妙地与"凹"字形成呼应。

D 设计选材 Materials & Cost Effectiveness
大事纪时光廊道。进主入口后一转身，即刻会进入气氛犹如时光廊道的黑盒子，透过大型年历表及嵌在地上之互动屏幕，叙述贾平凹老师的重要作品与文化事件，可一窥贾平凹老师一生的成就故事。

E 使用效果 Fidelity to Client
多向连结的文化场域，已成为西安文学交流的重要知识殿堂，一个推动中国文学艺术产业国际发展的指标性平台。

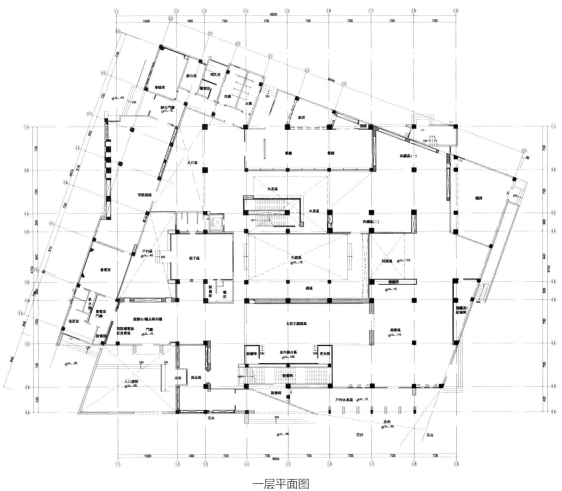

一层平面图

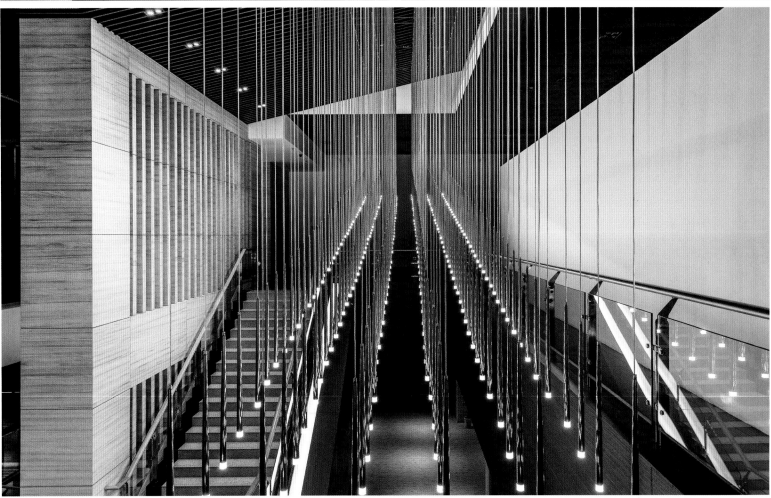

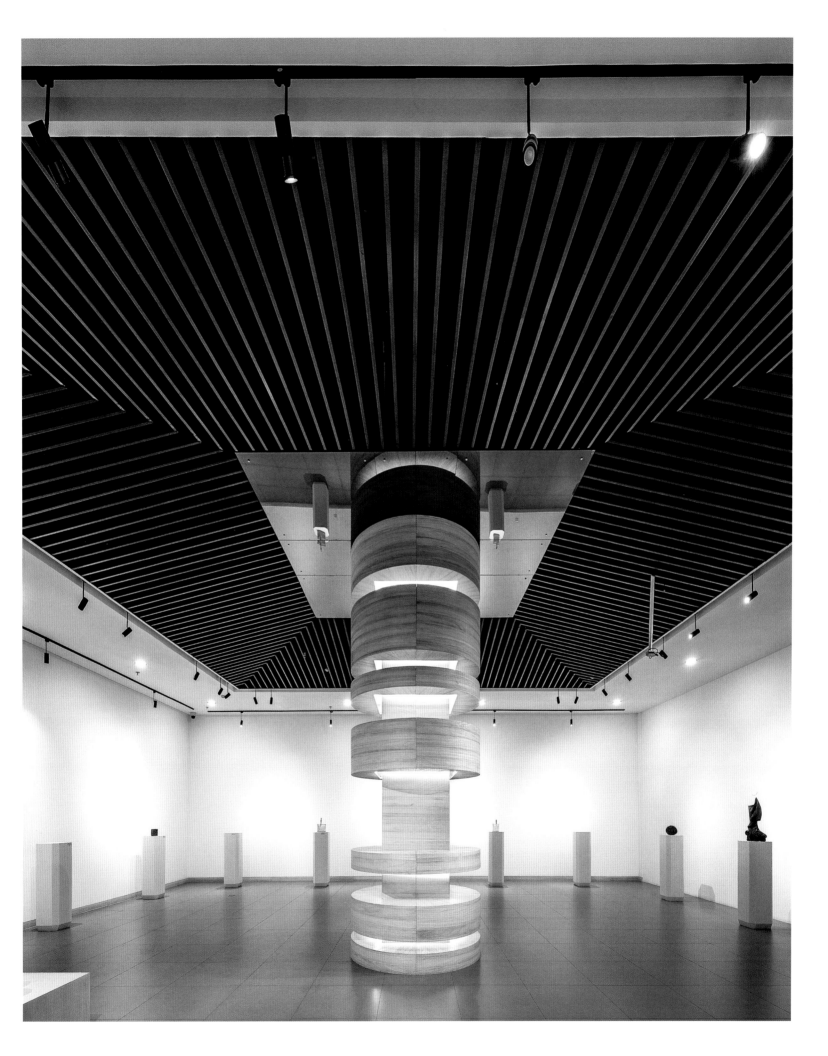

一亩三分地艺术空间
THE THIRD OF AN ACRE OF ART SPACE

项目名称 _ 一亩三分地艺术空间 / **主案设计** _ 勾强 / **参与设计** _ 隋雅娟、袁健皓 / **项目地点** _ 四川省成都市 / **项目面积** _ 2000 平方米 / **投资金额** _ 350 万元 / **主要材料** _ 木材、水泥、钢板

A 项目定位 Design Proposition

对《理性设计》的极致表现，例如参观路径的理性设计，根据调查一般人的注意力集中时限在 40 分钟左右，设计对 15 个展示点的停留时间以及行走步数所需时间的做了精确计算后，确定了的参观路径，其中穿插的休息点都经过严谨的计算考证。设计对人在空间内的五官感受做了充分考虑。

B 环境风格 Creativity & Aesthetics

"禅"是一种精神，不是装修材料，不是装饰造型，一片光，一片影，阳光穿透竹林洒在窗边的棉麻上，整个空间灵境自然，让人感受到禅的意境。漂浮在水面上的茶室，让人身临其境，融身于自然。

C 空间布局 Space Planning

第一，两条功能动线的完美结合，客户参观动线流畅、完整，员工工作动线效率、快捷，紧密联系，又相互独立。第二，15 个展示空间迂回行进，又相互借景，你是我的背景，我是你的前序，你中有我，我中有你。第三，两栋三层楼的独立建筑合二为一，步入其中您只能感受到其一，再也找不到其二的存在。第四，室内与室外的有机融合，以光影为景营造出舒适灵境的室内氛围。

D 设计选材 Materials & Cost Effectiveness

实木家具展厅，设计师摒弃了繁复的装饰材料，以自然为导向，选用木材和水泥结合，黑色钢板收口，白色墙面突出展示空间的主角：南谷创意家具。

E 使用效果 Fidelity to Client

当影像的记忆遭遇木的年轮——树与木，以不同的载体在同一时空对话碰撞出火花。南谷艺术空间将有更多优秀的艺术家进驻开展，从艺术感官"体验"到"启发"再回归于家具设计本身，论品牌对艺术设计的追求也好，或是对自我心灵的补给也好，都深具意义。

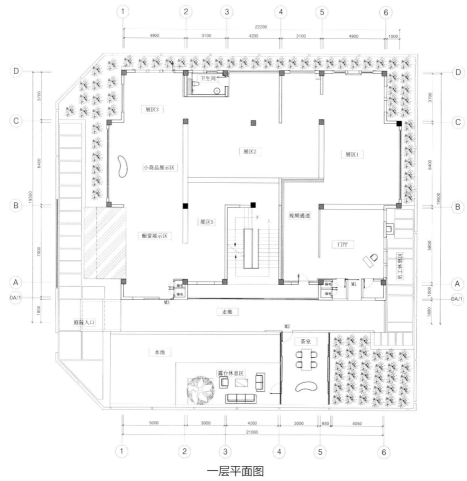

一层平面图

黑白之间——
隽永的当代性
THE BLACK AND WHITE TIMELESS

项目名称 _ 黑白之间——隽永的当代性 / **主案设计** _ 罗仕哲 / **项目地点** _ 台湾台中市 / **项目面积** _320 平方米 / **投资金额** _80 万元 / **主要材料** _ 铁件、茶镜、灰玻、木皮、烤漆

A 项目定位 Design Proposition

在繁忙的都市中，由高楼新厦构成的新兴区域里，隔着交通干道正对绿意盎然、占地广袤的都会森林公园，这是位于台中惠文路上的艺廊，以当代艺术的经营为其目标，希冀借由艺廊交流平台的建构，挖掘、培养优秀的艺术人才，透过完善的经纪制度，将隽永的作品推广予世人。

B 环境风格 Creativity & Aesthetics

艺廊由两层室内空间组成，扣合当代艺术为范畴的作品陈列，设计师在空间处理上也以简洁利落的现代风格进行操作，打开玄关大门，即可见以黑中带有一丝墨绿质感的烤漆墙面，环绕于偌大的室内，配合白色调的天花板与展场内特有的黄色展示灯光，营造出极为别致的场域氛围。

C 空间布局 Space Planning

展场后方的角落，由透明玻璃区隔出会议空间，白色墙面与通透的量体感，让黑色系的空间基调有了温润的一隅。循着一侧的楼梯拾级而上，映入眼帘的，是以大量白色墙面构成的展示区域，搭配黑色系的天花，延续黑白相对的现代氛围。

D 设计选材 Materials & Cost Effectiveness

在强调通透感的展场中，两片位处其中的大面展板墙，为空间做了巧妙的界定，它具备可旋转的特性，依照不同展示主题与展品的空间需求，可作多样性的不同变化，借此提升艺廊展示空间的机动性可变性，并透过许多可推动的展架做为搭配，让室内空间随着不同的作品，相得益彰地呈现出多样的面貌。

E 使用效果 Fidelity to Client

透过大面积的对外开窗，以借景形式将建筑物外森林公园绝美的林荫景致引入室内，水平长形开窗与黑色金属窗棂的设计，配合两侧内凹的墙面，巧妙地被设计为雕塑作品摆放的展示台，一时之间，窗外映照入内的景致，彷彿就像家中的电视墙，让相对冷调的展场，增添一股闲适的暖意。

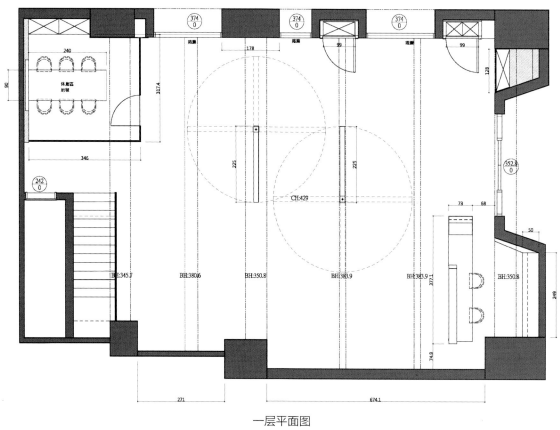

一层平面图

英博唐卡艺术中心
ANHEUSER BUSCH ART CENTER

项目名称_英博唐卡艺术中心 / 主案设计_胡梁锋 / 项目地点_浙江省宁波市 / 项目面积_300平方米 / 投资金额_100万元 / 主要材料_素水泥、古砖、原木等

A 项目定位 Design Proposition

"空灵者以无纳有，静谧者沁心悦境"，成熟的空间设计，应当脱离其形制的障碍、色相的表征，追寻一处场域最本真的气息，用设计者的技艺，浇灌空间的血肉，以思维的境界，安放空间的灵魂。使空间与人之间，不仅有身体（物质）的触碰，更带来精神的共鸣。

B 环境风格 Creativity & Aesthetics

作为一处兼具展览展示与文化交流功能的体验式空间，"英博唐卡艺术中心"的设计舍弃了对空间装饰性元素的追求和表达，以无纳有，通过对光线与空间格局的调整，以及对人与空间关系的梳理，以"大、小、内、外、明、暗"六字为核心，完成了空间场域及其气氛美学的营造。

C 空间布局 Space Planning

"观宏大觉己身渺小，处暗室思内心清明"，设计以挑高的空间营造宏大的空间场域，使身处其中的人反观自己，保持谦卑平和的心态；而针对不同空间位置窗户的设计和隔断的运用，配合重点照明的人工光源，实现了对光的控制和内外环境的交融，使人在这方静谧安宁的天地中，会晤彼此，欣赏艺术。

D 设计选材 Materials & Cost Effectiveness

"听琴品香观烛影，细语就茶花钗窗"，设计的无形反而让这小处的意韵显得精致绵长，而岁月浸润的木石砖铁更是承载着唐卡的能量，与此处的有心人无声对话，共同寻找精神的欢喜与圆满。或许，这便是设计的意境吧。

E 使用效果 Fidelity to Client

观宏大觉己身渺小，处暗室思内心清明。

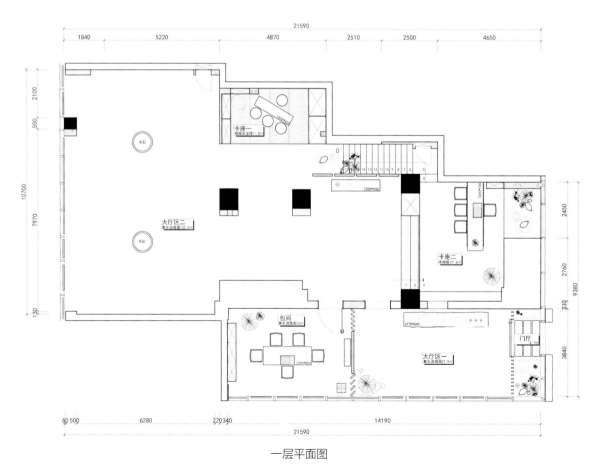

一层平面图

Public

公共空间

北京天桥艺术中心
BEIJING
FLYOVER ART CENTER

和乐 讲 堂
HAPPY CLASSROOM

道尔顿实验学校
DALTON
EXPERIMENTAL SCHOOL

保利 WeDo 教育机构
POLY WEDO
EDUCATIONAL INSTITUTIONS

光·语
LIGHT · LANGUAGE

我的补习style
MY TUTORIAL STYLE

翠微雅集
CUIWEI GATHERING

北京天桥艺术中心
BEIJING FLYOVER ART CENTER

项目名称 _ 北京天桥艺术中心 / 主案设计 _ 陆槛槛 / 项目地点 _ 浙江省宁波市 / 项目面积 _140 平方米 / 投资金额 _120 万元

A 项目定位 Design Proposition
北京唯一一家专门的音乐剧剧院。

B 环境风格 Creativity & Aesthetics
在民俗传统与简雅现代间找到最佳结合点，纯现代的方案缺失天桥文脉，纯古典的方案缺失现代优雅的气息。我们采用的策略是采用整体现代的风格基调，现代的空间形态，传统的肌理、质感来表现天桥剧场。 也就是"天桥印象"概念的来源。借用西方绘画中的印象派表现手法表现天桥剧场。印象包括"硬性"的空间记忆，和"软性"的生活情景记忆。

C 空间布局 Space Planning
在空间印象中我们将空间整理组合为三类：一类空间剧场公共空间，延续建筑空间大逻辑。二类空间剧场公共空间下的院落空间（涵盖了售票、问询、存衣、交通、商业等空间），近人空间体现天桥街巷市井印象。三类空间专业的剧院空间。用云、雨等与天有关的自然元素表达，隐喻天桥撂地演艺亲近自然的印象。

D 设计选材 Materials & Cost Effectiveness
选材兼顾材料的物理声学性能及外观视觉美感。

E 使用效果 Fidelity to Client
在一年 12 个演出季中上座率名列前茅。

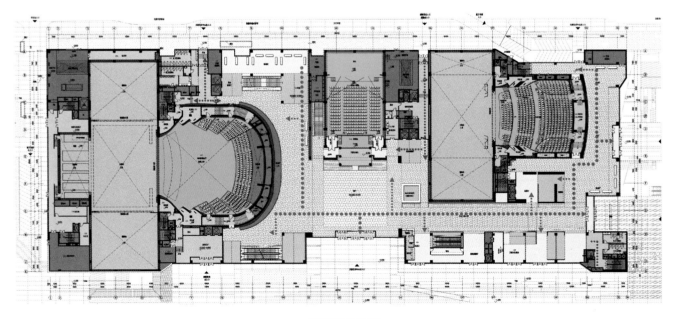

一层流线分析图

和乐讲堂
HAPPY CLASSROOM

项目名称 _ 和乐讲堂 / 主案设计 _ 胥洋 / 项目地点 _ 江苏省镇江市 / 项目面积 _ 800 平方米 / 投资金额 _ 100 万元 / 主要材料 _ LED

A 项目定位 Design Proposition

和乐讲堂的具体表现，亦在于人和、场乐，"人和"是建立融洽的师生关系及情感共鸣；"场乐"则意味着安静和谐的环境氛围，使学生学有所成，习有所乐。

B 环境风格 Creativity & Aesthetics

设计师通过圆融的手法为和乐讲堂赋予平静性格，"崇情符远迹，清气溢素襟"，这套作品雅致朴素，整体非常干净且文气，这是它与绝大多数培训机构的很大不同。在这个空间中，设计师以一种反思性的审美情趣，含蓄定义中式概念，拒绝流俗化的元素堆砌和造型主义，转借"屏风""窗棂"等传统古典意象的诗性，塑造耐人寻味的中式美学气质。

C 空间布局 Space Planning

讲堂的校长周老师在过去很多年一直专注于语文教学，时至今日，她的本职理想依然是传道授业解惑。和乐讲堂的主要课程设置是针对小学语文的写作和阅读，所以设计师在这里宣扬的是书声之外的安静感，通过这种安静感让人们体会一种在书斋里面受过教养的心胸与气息的流露。东方的艺术和文化骨子里都是安静的，因为只有安静下来，内在的力量才会一点点聚集和滋生，犹如沙坑填水，缓慢无声又无法抗拒。古人的茶道、抚琴、围棋、焚香都是安静的，继而从安静中传递出深长的静思意味。

D 设计选材 Materials & Cost Effectiveness

这一点，正是和乐讲堂想要表达的主题，于无声处积累生活与能量。从存在之初，它的立意就不在于商业利润的最大化，而是在有限的范围内对个人事业、情感、理想的解读。

E 使用效果 Fidelity to Client

受到师生与家长的一致好评。

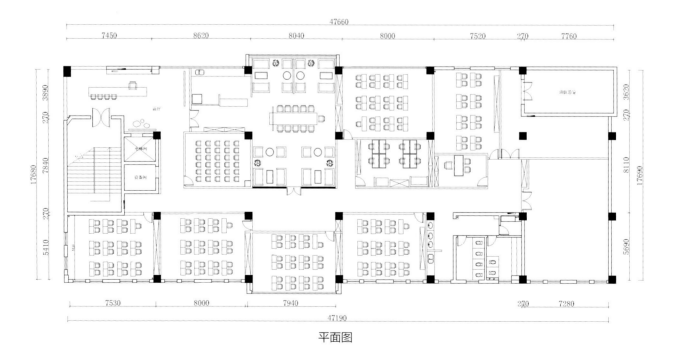

平面图

道尔顿实验学校
DALTON EXPERIMENTAL SCHOOL

项目名称 _ 道尔顿实验学校 / **主案设计** _ 霍志标 / **参与设计** _ 黎广浓 / 项目地点 _ 广东省佛山市 / 项目面积 _42000 平方米 / 投资金额 _60 万元

A 项目定位 Design Proposition
其乐（道尔顿）实验学校由其乐教育投资有限公司投资兴建，位于佛山市南庄管理区，占地约 4 万平方米。

B 环境风格 Creativity & Aesthetics
设计师刻意摒弃由成人想象儿童的心态，反而是透过双方作为出发点，来塑造出一个发掘孩童潜能的学习空间。

C 空间布局 Space Planning
设计师采用了"Dual Perspective 双重视角"，即成人和小孩的视野，去规划不同的功能空间，让成人亦可投入这个专属小朋友的国度，真正地塑造出有助发掘他们学习潜能的空间。

D 设计选材 Materials & Cost Effectiveness
每个空间都重视小孩的角度，每个出入口处亦设有一个他们高度的入口，这些细微而简单的动作，却拉近了大人与孩童之间的关系。

E 使用效果 Fidelity to Client
在设计儿童的学习空间里需要达至以上的目的：分别透过"模仿"、"沟通"与"游戏"。"模仿"与"沟通"是由小孩的角度出发。小孩会透过模仿成人的行为从而达至学习的目的，而在这个过程之中，让成人也重新学习小孩看世界的角度。

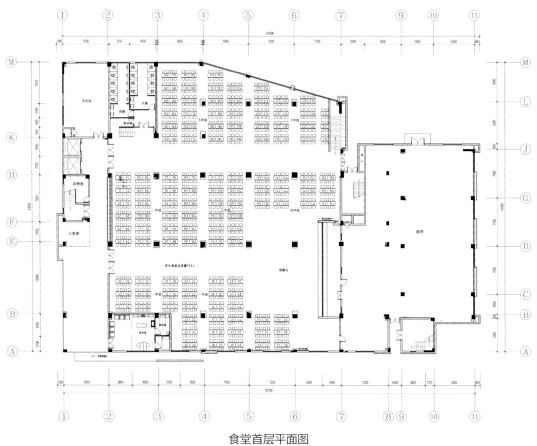

食堂首层平面图

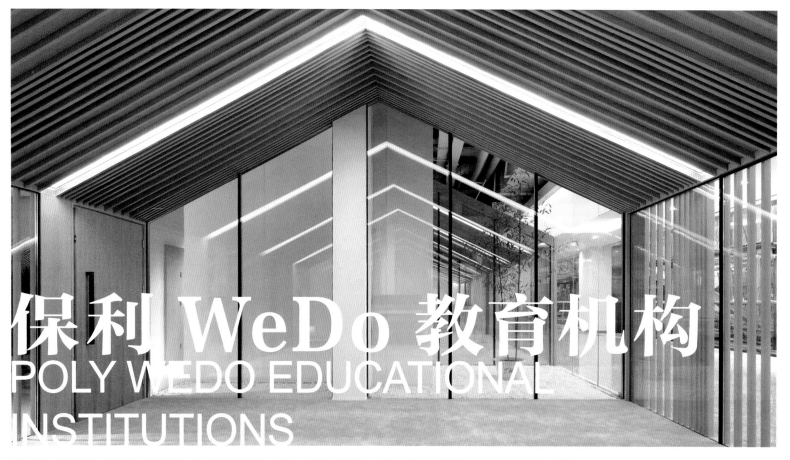

保利 WeDo 教育机构
POLY WEDO EDUCATIONAL INSTITUTIONS

项目名称 _ 保利 WeDo 教育机构 / 主案设计 _ 韩文强 / 参与设计 _ 王莹、李云涛 / 项目地点 _ 北京市朝阳区 / 项目面积 _1300 平方米 / 投资金额 _500 万元 / 主要材料 _ 玻璃、格栅、铝板

A 项目定位 Design Proposition
如何通过空间设计突破固化的结构限制，实现开放、自由、灵活的现代教学环境，并让孩子与空间产生亲密感，是设计所思考的首要问题。

B 环境风格 Creativity & Aesthetics
项目分布于商场一层七个柱跨之间，空间基本结构是框架 + 剪力墙。建筑营尽量拆除了所有砌块墙体，打通原本封闭的房间，用一条走廊将教室及公共空间进行连接，所有教学空间向商场中庭水平展开，包括音乐教室、私教室、接待厅、剧场和排练厅等。坡折的屋顶延伸至墙面和地面，构成了连续延伸的教室和公共区域。整个教学空间好似一座半透明的"室内村落"，根据使用需求呈现出多样的尺度与质感空间，让孩子在亲切、自然、舒适的环境中演奏和学习。

C 空间布局 Space Planning
建筑营引入绿色景观来柔化结构墙体的限制，让教学与自然时刻保持接触。中庭局部拆除了楼板，竹庭院延伸至地下的舞蹈教室、瑜伽教室和办公空间。竹庭院构成入口大厅的景观焦点，同时是上下层交通转换的节点。在教室之间利用墙体的空隙产生景观区，形成室内的"室外"空间。而植物与书架的结合让孩子的阅读与休息轻松、自然的发生。

D 设计选材 Materials & Cost Effectiveness
音乐教室要同时满足隔音和吸音的声学要求。音乐教室墙面均采用了二层中空玻璃进行隔音，吊顶采用木纹转印铝制格栅和铝板，除了隔音处理之外，坡屋顶的形态和格栅的起伏表面也起到混音作用。小剧场由于空间高度有限，因此不设吊顶，仅在人的尺度范围内采用了木质吸音板，在视觉上让空间变高，同时取得良好的声学效果。

E 使用效果 Fidelity to Client
客户很满意。

一层空间　　　负一层空间

1　前厅　　　17　竹庭苑
2　舞台　　　18　办公室
3　剧场　　　19　更衣间
4　竹庭苑　　20　瑜伽教室
5　私教室　　21　舞蹈教室
6　服务区
7　阅读区
8　办公区
9　绿植区
10　化妆间
11　候演区
12　设备间
13　国学教室
14　音乐教室
15　合唱教室
16　打击乐教室

N

0　1　2　　5

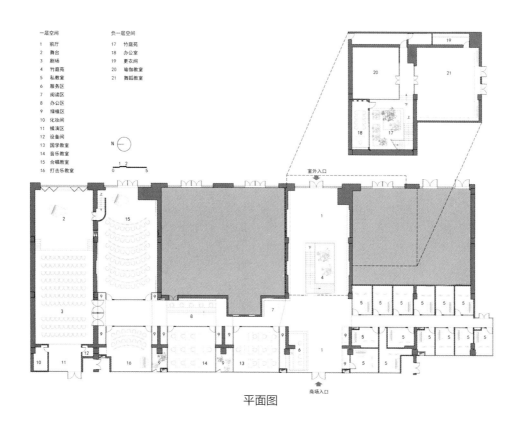

平面图

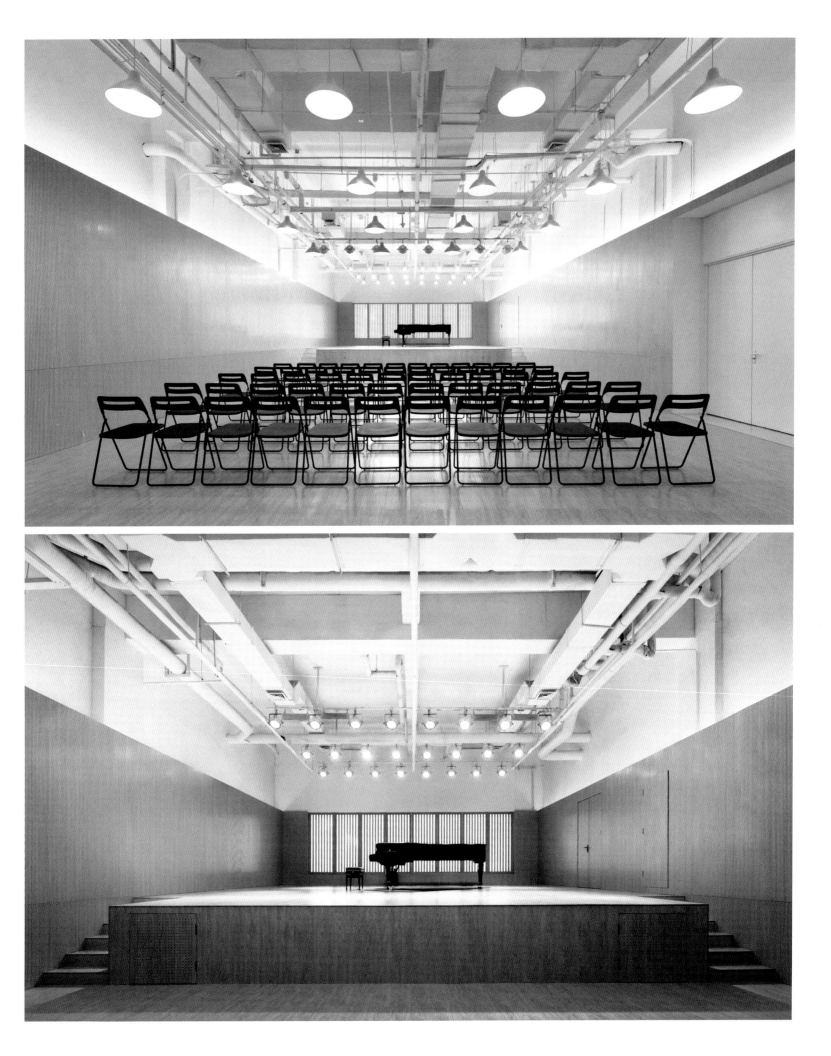

光·语
LIGHT - LANGUAGE

项目名称_光·语 / **主案设计**_郑锦鹏 / **参与设计**_蔡宗谚 / **项目地点**_台湾台北市 / **项目面积**_160平方米 / **投资金额**_150万元 / **主要材料**_线板、大理石、茶镜、铁件喷漆、PVC地砖、人造石

A 项目定位 Design Proposition
颠覆牙科的传统印象，让优雅的白色新古典诊所，拥有与日光及木纹交融的温度，带给顾客更美好的诊疗经验。

B 环境风格 Creativity & Aesthetics
除了以现代新古典为主轴，候诊区加入淡雅的蓝色调，搭配现代质感的家具和立灯，舒适又赏心悦目的空间氛围，让看诊成为一种享受。

C 空间布局 Space Planning
诊所内部分成柜台、等候区、诊疗区与独立隔间的X室和技工室，除了配置齿颚矫正专科诊所的医疗设备，看诊区维持通透的场域关系，也让光线与空间感能完全串连。

D 设计选材 Materials & Cost Effectiveness
利用大面茶镜材质，延续窗外街景、绿意的美好。在地板的部分，选用PVC地砖，钢刷木纹的质感，以人字方式作拼贴，搭整体古典风格。

E 使用效果 Fidelity to Client
新古典的优雅基调，搭配现代简洁家具与立灯，赏心悦目的空间质感，让候诊心情自然放松。共有三套牙医诊疗椅，适度的距离及自然光，让人没有传统看诊的压力。

平面圖

廖宥程齒顎矯正
專科診所

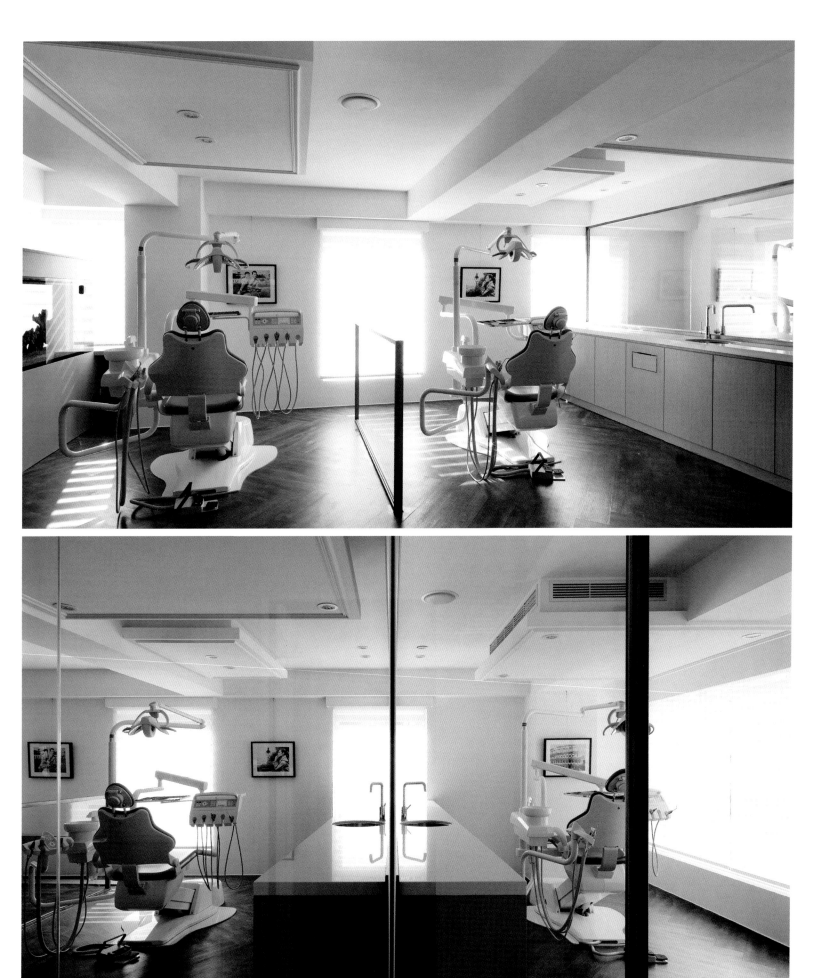

我的补习 style
MY TUTORIAL STYLE

项目名称 _ 我的补习 *style* / 主案设计 _ 吴宗宪 / 项目地点 _ 台湾台北县 / 项目面积 _1650 平方米 / 投资金额 _60 万元 / 主要材料 _ 大干木、大理石、LED

A 项目定位 Design Proposition

本案希望提供给所有的学生们，一个宛如大学殿堂般的上课空间，以吸引力法则为设计手法，让学生们未考上大学，先在大学的环境内求学。

B 环境风格 Creativity & Aesthetics

基地所在建筑物为圆形，室内平面形状畸零，加上楼上楼下邻居均为相同业种业态的补习班，设计上极需突破同业竞争，杀出重围体现高质感的接待柜台，营造舒适的等待及报名空间，提供学生良好的课辅及休息场所，设计出高效率的上课环境。

C 空间布局 Space Planning

由于本案有营业时间的压力，故多以工厂预制现场组装的工法进行，加上施工的同时补习班需照常营业，需考虑分期分区施工，所以对于时间的掌控及各工种之间的衔接是一大考验。

D 设计选材 Materials & Cost Effectiveness

接待大厅选用木头纹理鲜明的大干木，搭配黑色大理石表现文青气习，文创商品展示区，以跳动的 led 灯光展示方式，争取家长及学生的驻足，课辅及修习空间壁面采用灰色石材搭配镜面不锈钢，营造有效率的阅读氛围。

E 使用效果 Fidelity to Client

本案于第一期施工完成后，业主获新北市补习班评鉴的优胜，业绩蒸蒸日上，本所已陆续获业主青睐，进行其他分班的设计业务。

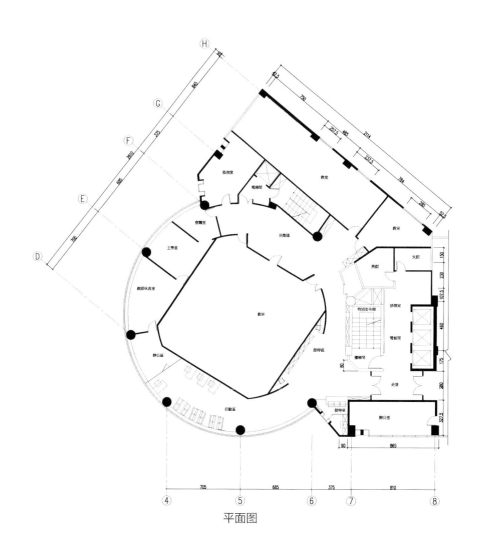

平面图

翠微雅集
CUIWEI GATHERING

项目名称 _ 翠微雅集 / 主案设计 _ 周翔 / 项目地点 _ 湖北省武汉市 / 项目面积 _ 200 平方米 / 投资金额 _ 100 万元 / 主要材料 _ 木头

A 项目定位 Design Proposition

设计不仅是面对当下和未来，而且是关于人和人的活动，更是物质、生活和情感相互转换的发生。

B 环境风格 Creativity & Aesthetics

我与沈伟老师的相识缘于多年前的一次沙龙活动。 他习惯用客观幽默的方式与大家交流，听他讲艺术与历史等学问深入浅出，非常容易理解。他常说："不为无益之事，何以悦有涯之生"，他相信九省通衢的武汉一定还有更多的同道，只是彼此尚未达成知晓的缘分，于是他萌发了办"雅集"的想法。

C 空间布局 Space Planning

"雅集"的地点在一栋临江建筑的二十六层写字楼，有宽大的玻璃，和一线江景。原建 180 多平方米的空间全部打通，重新规划成九个区域。入口是"翠微雅集"的牌匾，进门的区域增加了隔断墙，改变了原有的动线，改造后的海棠型望窗，让空间通透而富有诗意。 大厅是整个雅集里最大的空间，可以作为八到十人喝茶聊天的地方，也可以作为四五十人沙龙活动的区域，可移动的木质屏风在不同时段可以摆出不同的组合顺序，使空间有不同的视觉效果，同时也把大厅和窗户之间，隔出了一个类似于户外"园"的区域，丰富了空间层次。 大厅后半部分有一席竹帘，放下来后，既可以成为艺术品的背景又可以分隔出两个区域：书房区和藏品区。再往里走便是一个两面临窗可以三四人使用的茶室和一个带地台的品香室，中间用木格栅和麻质卷帘隔开，空间虽小又不显局促，这样的分隔使整个雅集空间有了灵活的使用性。

D 设计选材 Materials & Cost Effectiveness

"雅集"的陈设艺术品都是沈伟老师和朋友们多年的收藏，具有传统文人的气质。

E 使用效果 Fidelity to Client

项目自完成以来，受到众多朋友的热捧，更被《长江日报》《better》等媒体报道，不胜欣慰和感激。

平面图

Show flat & sales office

样板间 / 售楼处

时代 · 家
AGE · HOME

金地·大运河府临时售楼处
JINDI-THE GRANDE CANALE
TEMPORARY SALES OFFICES

昆仑望岳艺术馆
KUNLUN WANGYUE
ART MUSEUM

上海旭辉铂悦滨江C户型别墅
SHANGHAI XU HUI PLATINUM
WYATT BINJIANG C VILLA

祥云里销售中心
XIANG YUN
SALES CENTER

保利金融大都汇一米墅
POLY FINANCE
GATHERING - MI VILLA

生活行旅
TRAVEL LIFE

新浦江城十号院
SINPO JIANGCHENG
NO. TEN INSTITUTE

锦色春秋一万科观承别墅
COLORFUL SPRING AND
AUTUMN-VANKE GUANCHENG VILLA

绿景·红树湾一号销售中心
GREEN VIEW-MANGROVE
BAY NO.1 SALES CENTER

希言太极
XIYAN TAI CHI

浮山
FU SHAN

帆构想
THE IDEA OF SAIL

苏州仁恒·海和院
SUZHOU YANLORD
HAIHE VILLA

昭扬会馆
ZHAO YANG HALL

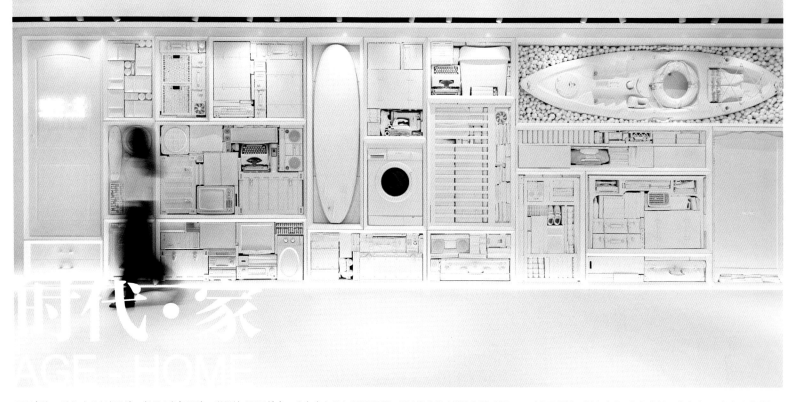

项目名称 _ 时代·家 / **主案设计** _ 彭征 / **参与设计** _ 谢泽坤 / **项目地点** _ 广东省广州市 / **项目面积** _884 平方米 / **投资金额** _750 万元 / **主要材料** _ 渐变玻璃、铝复合板、艺术漆、强化复合木地板、木饰面

A 项目定位 Design Proposition

这是一个创新的复合的商业空间，在这个虚拟社交和互联网经济逐渐占据我们生活的时代里，我们用一个真实的体验性空间来探讨更多的可能，它是生活的、艺术的，也可以是商业的。由时代地产倾力打造、知名设计师彭征主笔设计的生活与销售体验中心——时代·家，位于广州市天河区正佳广场六楼，是目前第一家进驻大型购物中心的地产体验馆，项目尝试用创新的方式来探索全新的一站式购房商业模式。

B 环境风格 Creativity & Aesthetics

对于一个商业空间，真正的深入体验，需要创造条件，让体验者停留，"时代·家"让每一个进入空间的人对空间产生归属感，设计让顾客抛弃展示空间的陌生感，真正地去使用、去体验、去认同。对于这样一个空间，我们需要填充的，不止是咖啡和书，更多的还是我们有关这个"时代"，有关"家"的集体记忆、情怀与想象。

C 空间布局 Space Planning

体验中心由艺术展厅、咖啡区、阅读区、生活体验区和商务洽谈区五个区域组成，除了有关地产信息和实体样板间以外，空间中还穿插有各种关于"家"的艺术创作，实现各个区域体验性与功能性的融合。

D 设计选材 Materials & Cost Effectiveness

LAK 强化复合木地板、渐变夹胶玻璃、有机自流平地平漆、艺术墙漆、透光木饰面雕刻。

E 使用效果 Fidelity to Client

开放式的空间设计赋予空间组织的灵活性与多元化，时代·家将创造多种体验方式，包括文化沙龙、艺术展览、学术论坛、商务会议、小型发布会、时装秀等，常态下这里是咖啡厅，但所有家具是可移动的。作品在投入运营后得到设计界和媒体界等的强烈的关注，广受好评。

TIMING HOME

平面布置图

金地·大运河府
临时售楼处

JINDI-THE GRANDE CANALE
TEMPORARY SALES OFFICES

项目名称 _ 金地·大运河府临时售楼处 / **主案设计** _ 李扬 / **参与设计** _ 林兴娟、祝竞如、叶子丰 / **项目地点** _ 浙江省杭州市 / **项目面积** _ 245 平方米 / **投资金额** _ 150 万元

A 项目定位 Design Proposition

2016 年，拱宸桥西这片老杭州经典高端居住圈，将结束宅地供应历史。作为桥西最后一块宅地，"风华系"全新升级钜作——金地·大运河府，承载了杭州人对运河的终极想像。

B 环境风格 Creativity & Aesthetics

在本项目的构思过程中，以现代东方立意，在现代几何造型中通过对比、衬托、借景以及尺度变换、层次配合与小中见大等传统中式技艺和手法，展现绝代风华的空间魅力。其实，对于一个设计师而言，营造一个三维立体的空间并不难，难的是在空间内注入"生活"，令空间散发"人情味"。

C 空间布局 Space Planning

踏足临时售楼处，有一种置身于庭院的视觉想象。在可塑的空间内，为了摆脱原本单一的空间型体，设计师将墙体切割，墙体和天花做了延续，巧妙地丰富了空间的层次感。在结构上，落地玻璃窗让人们在室内充分的感受到自然光，亲和而开放，简洁而现代。整个空间灰色调中注入黄色，以及黑白色彩的强烈对比，充满视觉冲击力。象征东方文化厚重而悠远的深色科技木饰面，以及特别定制的 30 毫米玻璃条板和喷绘印刷纱布的完美结合，成为空间当之无愧的焦点。

D 设计选材 Materials & Cost Effectiveness

本案选材丰富，力求以现代人的审美打造出中式古典的气韵。中式复古家具饱含怀旧风，又与禅意浓厚的饰品相得益彰。水墨留白，意境深远，将一切繁华尽收，却将质朴与本质还原。更时尚的东方韵味，在设计师的倾力打造下展现得惟妙惟肖。

E 使用效果 Fidelity to Client

作品一经面世，唤起老杭州人对桥西的贵重记忆，广受业主及购房者喜爱，大大促进了房产品的销售。

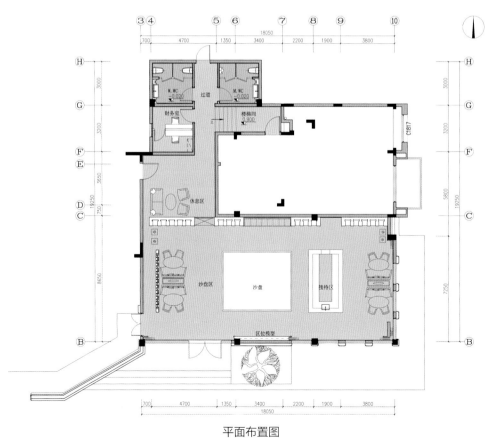

平面布置图

昆仑望岳艺术馆
KUNLUN WANGYUE ART MUSEUM

项目名称 _昆仑望岳艺术馆 / **主案设计** _钟凌云 / **参与设计** _杨希刚、许尚、马晓洋、郭总超 / **项目地点** _河南省郑州市 / **项目面积** _2000平方米 / **投资金额** _3000万元

A 项目定位 Design Proposition

时间终究会改变城市，历史情结是每个人都会有的，我们要努力去致敬，在新的变迁中保留一抹从前的痕迹，不为过去，只为未来。设计初衷是保留原有厂房的味道，将原有事物以一种创新的形式再现。这里承载着几代郑州人的岁月痕迹，也终将成为追寻城市过往的记忆载体。

B 环境风格 Creativity & Aesthetics

设计保留了原来的红砖墙建筑，采用时尚的红盒子形象，新与旧形成对比，又互相兼容，设计之初，就是希望生活在这里的人，不会突然之间对曾经无比熟悉的东西感到陌生，欣喜的期待着成长，岁月痕迹仍在，不因新而愈发旧，亦不因旧而愈发新。

C 空间布局 Space Planning

项目包含三个各自独立的建筑，设计营造了一个通道，在不破坏原建筑外墙的情况下，将三个空间串联起来。曲径通幽的通道，引导着参观者完成在不同时空下的转换。为将光源引入最暗的一个空间，设计采用了一种创造性的手法，用木条和红砖在空间之内，围合成几个高低不一、形态各异的小空间，在引入光源的同时，增加整个空间的即视感。

D 设计选材 Materials & Cost Effectiveness

放飞的枫叶，萤火虫造型，墙上画着的场景图，都为空间注入了满满的回忆和动态的气息，轻松、舒适的 Mamy Blue chair 椅，搭配同色系的地毯，和窗外的自然景色融为一体，融入了树叶的脉络设计而成的黑森林树叶椅，呼应艺术馆中法桐树叶的元素。

E 使用效果 Fidelity to Client

很好，甲方提出的为城市许下荣光，和励时一贯坚持的设计理念不谋而合。

梧桐树下
找寻回忆

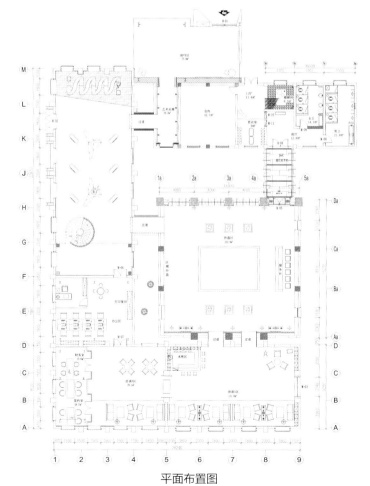

平面布置图

上海旭辉铂悦滨江
C户型别墅

SHANGHAI XU HUI PLATINUM WYATT
BINJIANG C VILLA

项目名称_上海旭辉铂悦滨江C户型别墅 / **主案设计**_葛亚曦 / **项目地点**_上海市松江区 / **项目面积**_670平方米 / **投资金额**_5000万元

A 项目定位 Design Proposition
上海旭辉铂悦滨江坐落于陆家嘴腹心，是旭辉集团巅峰住宅作品，软装设计委托负有盛名的LSDcasa，打造奢享级超级体验豪宅。

B 环境风格 Creativity & Aesthetics
软装设计延续建筑及室内的新古典风格，以此为基础环境，续写丰沛的美学力量空间，设计抛开一切形式和标签的表象，以匹配财富阶层应有的生活方式，让单一的权力、财富的显性诉求过渡到生活中对伦理、礼序、欢愉、温暖的需要，呈现生活空间中细微的感动。

C 空间布局 Space Planning
这套670平方米的府邸共有六层，空间的每一层都有自己独特功能和对应的趣味和隐喻。LSDcasa传承上海独特的海派文化，设计中没有追随上海民国时期典型的ART-DECO样式，而是延续巅峰上海最虔诚的怀旧和最大化的创新，以现代风格融合新古典诠释上海的世界主义。

D 设计选材 Materials & Cost Effectiveness
冷静的黑、睿智的卡其、明快的爱马仕橙和内敛的云杉绿，共同诠释现代主义的色彩美学。家具样式摒弃浮华与繁琐，木作与金属互为搭配，洗练的线条，纤巧精美的样式，空间中流淌着洗练的情调和怡然的气息，将生活形态和美学意识转化成一种无声却可感知享受的设计语言。

E 使用效果 Fidelity to Client
业主点评：设计师运用魔术般的艺术技巧，升级了空间本身的美感。这传递了设计师、建筑师以及建筑开发者多方共同的愿景，让更美好的生活可以被示范、被体验、被拥有。旭辉铂悦滨江C户型，通过软装设计，展示了一个完整的生活系统。从居住、运动、艺术进修等方方面面，让审美和生活结合，密不可分。

一层平面布置图

二层平面布置图

祥云里销售中心
XIANGYUN SALES CENTER

项目名称 _ 祥云里销售中心 / 主案设计 _ 华翔 / 参与设计 _ 易伟、王丽雯、金琳、曾冉然、彭博 / 项目地点 _ 四川省成都市 / 项目面积 _700 平方米 / 投资金额 _500 万元

A 项目定位 Design Proposition

当代艺术家的画作作为导视系统出现以及以及传统人文物件的陈设，东方元素与当时国际时尚的共生，是当下人们文化生活状态和审美趣味的时代精神印记，亦象征着退则安宁田园，进则繁华如常的城市别墅。

B 环境风格 Creativity & Aesthetics

东方传统美学的朴实、雅致、闲适的生活令人向往，我们截取了啖、赏、藏三个生活片段，与销售中心的功能予以结合，以现代简练的提炼组织架构整体空间。

C 空间布局 Space Planning

山、水、城市天际线是贯穿整个空间的设计元素，天然材质与现代工业金属的冲突，极为简练的线条与传统尺度提炼的融合。

D 设计选材 Materials & Cost Effectiveness

长桌是为"赏"的物质承载形式，赏是主观亦是交流，它被设置在大厅中轴连贯项目体验区以及洽谈区再合适不过，项目体验区大尺度收藏搁架是温度和雅致的沉淀，洽谈区最大利用现代感十足的大面积落地玻璃窗获得了室外水景以及充足的采光，被设置的高大落地灯和台灯打破高空间的平淡，现代家具的使用和摆放给落座的人提供更轻松舒适的交流氛围。

E 使用效果 Fidelity to Client

人们回转穿梭在我们描绘的这些生活片段中，有着各自对现代与传统的理解以及对未来生活方式的构想。回山，回水，回家。

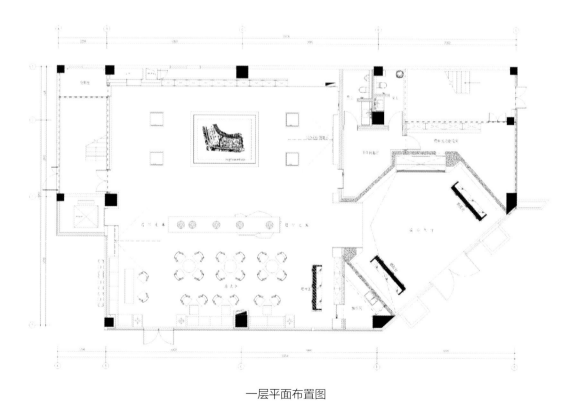

一层平面布置图

保利金融大都汇——米墅
POLY FINANCE GATHERING—MI VILLA

项目名称 _ 保利金融大都汇——米墅 / 主案设计 _ 刘家耀 / 项目地点 _ 广东省广州市 / 项目面积 _ 35 平方米 / 投资金额 _ 8 万元

A **项目定位** Design Proposition
以三维空间实现 CBD 里一个人的别墅，让你在 50 平方米空间里住出 120 平方米的舒适感。

B **环境风格** Creativity & Aesthetics
用建筑的手法构建空间与空间的关系。

C **空间布局** Space Planning
设置独立功能分区，满足现代空间所需要的基本居住品质感。在仅有 35 平方米的套内面积内，挖掘层高所带来的"体积"。

D **设计选材** Materials & Cost Effectiveness
独立的功能分区是利用空间的错落，打破传统的公寓空间限制性，模糊传统的复式公寓对 1+1＝2 层的分隔与楼梯的界限，极大地挖掘收纳空间，并将空间分区更合理更功能化。

E **使用效果** Fidelity to Client
具备与狭小空间抗争、寸土必争的神收纳，用有限的空间，创造出多种复合使用可能性，实现"一户多变"，提高购买或租赁欲望，提升产品溢价，"小空间、大生活"。

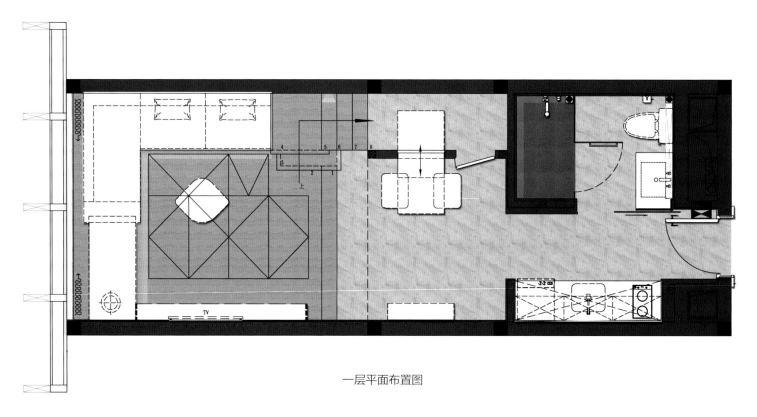

一层平面布置图

生活行旅
TRAVEL LIFE

项目名称 _ 生活行旅 / 主案设计 _ 高子涵 / 参与设计 _ 张祥镐 / 项目地点 _ 台湾台北市 / 项目面积 _ 80 平方米 / 投资金额 _ 45 万元 / 主要材料 _ 木材、铁件、石材等

A 项目定位 Design Proposition

作品独有的设计策划、市场定位在流动的时空中，充满生活刻划的痕迹，简洁隽永的天花线条里，反射出镜面灯光烁烁的光影魔术，与时俱进的利落个性，崇尚舒适随性，透露出拥抱自然回归本质的纯粹精神。

B 环境风格 Creativity & Aesthetics

书房一角，悬空铁制层架上摆放对象，实现每一个角落都是生活的想象。舒适中带有质感的书房，蓝色卧榻及挂画点缀了空间的色彩。卧室以沉稳的色系搭配，让空间沉稳又温馨。层柜除了多功能的用途之外，还区隔了场域。

C 空间布局 Space Planning

空间的转折中，格栅隔屏让视线穿透也界分了场域。缕空的柜子让视线无阻隔，地坪上的黑色线条导引进入场域。曲面天花进到空间内部，弧形线条带起了空间的律动感。客厅运用天花直行线条和墙面上木地板线条，让空间有前进感。

D 设计选材 Materials & Cost Effectiveness

木质的温润、铁件的刚硬、石材的细致、复合媒材的运用让各区域形成丰富样貌，马赛克砖面转折便是厨房，书房卧榻旁开放铁架摆放饰品，在材质的媒介中、区域转换的细部里，充分表达了让每一处角落都是生活的设计理念，打造出一个舒适的机能都会住宅。

E 使用效果 Fidelity to Client

生活的质地布满了每个瞬间、每个角落，于卧榻造景边阅读、把玩收藏，在北欧自然风格的厨房里料理，随手拿取客厅隔墙上的怀旧 CD，生活可以平静而精彩，悠闲而丰富。

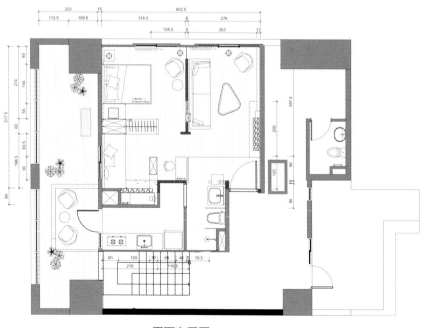

平面布置图

新浦江城十号院
SINPONJIANGCHENG NO.TEN INSTITUTE

项目名称 _ 新浦江城十号院 / 主案设计 _ 方磊 / 参与设计 _ 朱庆龙、黄大康、周莹莹、张齐、顾立光 / 项目地点 _ 上海市闵行区 / 项目面积 _680 平方米 / 投资金额 _600 万元

A 项目定位 Design Proposition

本案定位于高端消费的城市新贵，设计师在对城市新贵群体特征深层了解的前题下，倾心打造位于上海新浦江城十号院的新贵别墅，赋于混搭着中西方文化的空间定位。

B 环境风格 Creativity & Aesthetics

设计师赋予中西方文化混搭的空间定位，柔和现代几何图案及花卉语言，运用石材、皮革、金属、玻璃等材质的配合，使空间弥漫着现代轻奢主义的设计风格以及极具现代设计感的元素。不仅给人以视觉上的冲击，同时创造出特有的奢华尊贵空间体验，每一个空间都是一个全新的世界。

C 空间布局 Space Planning

客厅6米的双层挑高，连接二楼过道，不仅增加了空间的交互性，更彰显了别墅的空间气势，纵向空间的弧形楼梯使整个空间更加奢华，高贵。

D 设计选材 Materials & Cost Effectiveness

大面积咖啡色搭配灰色营造空间品质感。些许的金属色点缀，让简洁之余富有现代感和设计感，视觉上别具匠心。有序的空间，在天然光影的流动中，自然的气息扑面而来，让室内空间与外界环境相呼应。

E 使用效果 Fidelity to Client

极大地提升了这个项目的价值，成功地吸引了目标人群，成为了都市新贵们的显要之居。

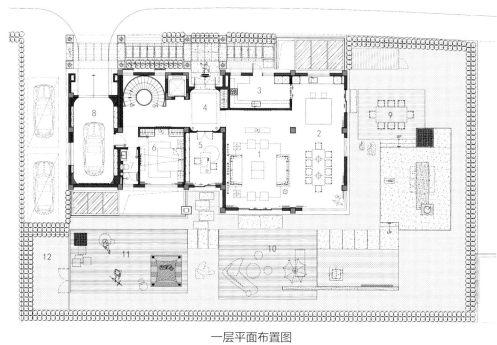

一层平面布置图

锦色春秋
万科观承别墅
COLORFUL SPRING AND AUTUMN —
VANKE GUANCHENG VILLA

项目名称 _ 锦色春秋——万科观承别墅 / **主案设计** _ 潘及 / **项目地点** _ 北京市顺义区 / **项目面积** _600 平方米 / **投资金额** _700 万元

A 项目定位 Design Proposition

根据产品的定位与自身的价值，别墅的设计被定义成了新古典主义的法式大宅：既保留了古典主义典雅端庄的气韵，又因反对洛可可的矫饰而对传统进行了改良简化，呈现出蔚为大气的风范。

B 环境风格 Creativity & Aesthetics

室内运用大面积木饰面装饰线条，以及简化了的却有着精致细节的装饰元素，成功塑造了空间典雅的品质感。设计师选择了灰色的地毯、灰色的墙面、灰色的饰板、灰色的布艺，而在灰色与木色之中，一抹动感的橙色则令整个空间一下子生动起来。

C 空间布局 Space Planning

首层的空间布局采用对称的格局，意在体现大宅的风范。 餐厨空间三段式的格局设计是本案的一个华彩。隔出的三进空间，各司其职，既满足了生活所需，又充分地利用了空间，一举多得。穿过餐厅与客厅的出口，那里正是有着87平方米的别墅后花园，花园带有水景及休闲区域，还专门配备了BBQ区域，不仅满足了业主日常的家庭活动，更可用于聚会所需。餐厅出口处的天井区域，设计师增加了一个纵向的空间通道，可通过户外的楼梯通道到达地下两层的下沉庭院。 地下一层为137.63平方米，设有雪茄吧及贯穿地下二层的挑空书房空间，同时也安置了别墅的储藏空间和保姆房。通过雪茄吧进入挑空的书房，那里巧妙嵌入图书馆的畅想，两层高的开敞书柜，中间以钢结构的走道上下分隔，沿走道移动可品味不同角度的空间感受。地下二层共有183.62平方米，除了挑空的书房，还有家庭娱乐室及相应的服务空间。

D 设计选材 Materials & Cost Effectiveness

为体现大宅的风范，以客厅视觉端头的英国手工古典壁炉为中心点，结合立面带有东方风格的建筑手绘壁纸，体现设计中欧式古典与东方情怀的融合。

E 使用效果 Fidelity to Client

万科观承别墅开盘即售罄，去化速度罕见，33套产品共计约4.5亿元人民币的销售额一夜完成。

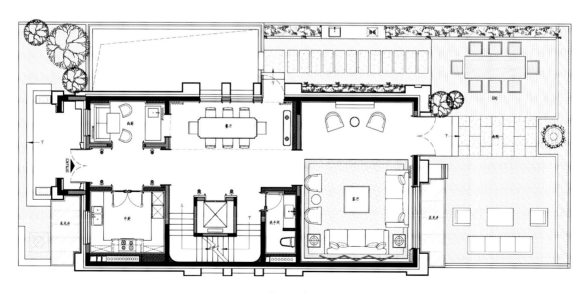

一层平面布置图

绿景·红树湾
一号销售中心
GREEN VIEW-MANGROVE BAY NO.1
SALES CENTER

项目名称 _ 绿景·红树湾一号销售中心 / **主案设计** _ 邱春瑞 / 项目地点 _ 广东省深圳市 / 项目面积 _1000 平方米 / 投资金额 _70 万元

A 项目定位 Design Proposition
本案位于深圳市福田区金地一路,地段繁华,环境适宜。现代人的生活情结在空间中得以展示出来,不同的空间带来的是不同的生活品质和生活氛围,人们希望借由空间这种外在的物质形态给生活带来看不见的、内在的精神。空间的精神如同月亮之于夜空。因有精神,而凸显出空间的美好情怀。

B 环境风格 Creativity & Aesthetics
设计师在入口处以室外大面积的水景,企图化解周遭环境的繁杂,而使业主们在被抽离的境遇中感受到禅意和静谧的氛围,这种洗练而大气的造景,无疑是极度出彩的。它以一种成熟而收敛的方式从大环境中抽离出来,使整个空间立于纷繁,而静于内心。

C 空间布局 Space Planning
整个大厅区域与洽谈区结合起来,一条长桌贯穿整个空间,以其巨大的仪式感,升华了整个空间的气场,使人们在空旷静谧的空间中,感受到敬意和尊重。同时大厅高层的挑高,浅木色格栅与白色亚克力嵌入其中,在墙面上所形成的巨大体量感,以及垂挂于大厅中心的水晶挂饰与精致的黑色塘池,相互呼应,犹如清泉之水天上来,寓以聚财之意。

D 设计选材 Materials & Cost Effectiveness
通过灯光的照射后所呈现的效果,禅意和静谧的氛围充分得到体现。

E 使用效果 Fidelity to Client
整个空间设计,与材质、与光影、与伦理、与空间气场的收放聚散,都颇具大师手笔,不着一处,不留一痕,而将禅意和静谧的内核挥洒得尽致淋漓。

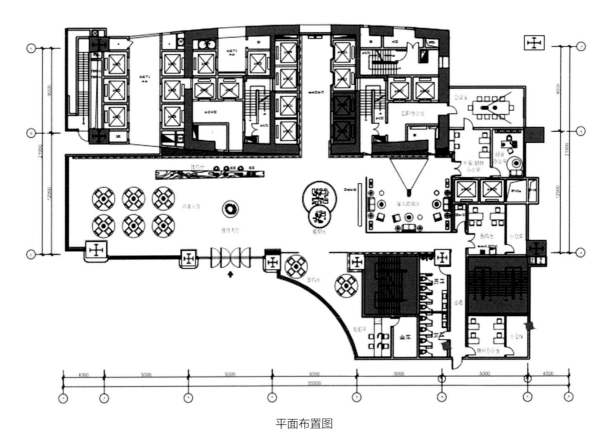

平面布置图

希言太极
XIYAN TAI CHI

项目名称 _ 希言太极 / 主案设计 _ 康智凯 / 参与设计 _ 谢孟岳、林楷恩、王昕宇、何翊安、沈千琪、游椽栋、伍时欣 / 项目地点 _ 台湾台南县 / 项目面积 _ 1580 平方米 / 投资金额 _ 700 万元

A 项目定位 Design Proposition

为了满足样板房未来可能变动或修改的不可确定因素，同时满足"太极"概念的整体性，设计者决定透过另一个廊道单独连接的方式来因应，除了解决分期开发所会调整的不同建筑类型的修改问题，同时了减少建筑资源的浪费，进一步深化环境永续的建筑理念。

B 环境风格 Creativity & Aesthetics

如何将环保、节能、永续与共生的概念，透过空间的安排直接传递给予业主与消费者，让此类"临时性建筑"除了满足短期的销售行为外，同时能兼顾环境友善与生态永续的概念，是设计者对于本案的最大期许。

C 空间布局 Space Planning

从中国老庄思想的"太极"与"阴阳"作为配置概念的出发点，透过中国文字的行草概念书写运行，配置出一实一虚且极具生命舞动姿态的建筑量体，象征建筑与生态环境的共生共荣的概念。实体的部分尽量不开窗以减少空调耗能，虚体部分透过节能玻璃满足照明所需，透过另一个廊道连接样板房，以因应分期开发所会调整的不同建筑类型的修改，进而减少建筑资源的浪费，深化环境永续的型态概念。

D 设计选材 Materials & Cost Effectiveness

在生态环保部分，透过运用节能玻璃、节能照明与可回收材料以减少空调资源耗能。在环境友善部分，特别在建筑中央环抱着一面景观用水池，除了景观用途外，同时兼具地区防洪的概念，特别针对近年来极端气候的变迁，尤其是台南地区这种炎热气候雨量不多，但时常出现瞬间暴雨的气候特性，将屋顶的雨水透过特殊的斜度与集水设计，导入水池中再排入下水道，以减少地表径流与局部地区性瞬间淹水的现象，同时兼具分担区域防洪的角色。

E 使用效果 Fidelity to Client

特殊的空间形式成功引起地区性的讨论与注目，此外，透过空间实践的过程，让一向以商业利益挂帅的房产商，慢慢意识到环境共生建筑的概念。

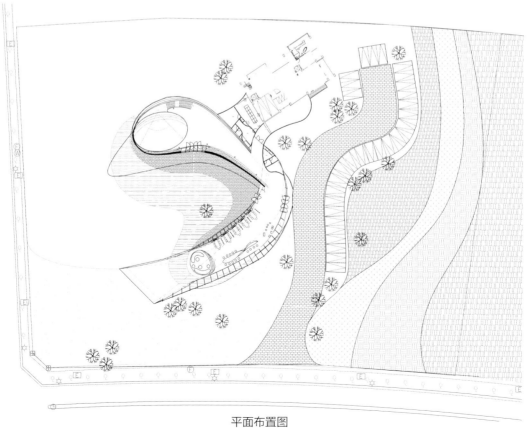

平面布置图

浮山 FUSHAN

项目名称 _ 浮山 / 主案设计 _ 康智凯 / 参与设计 _ 谢孟岳、林楷恩、王昕宇、何翊安、沈千琪 / 项目地点 _ 台湾台北县 / 项目面积 _1250 平方米 / 投资金额 _400 万元

A 项目定位 Design Proposition

如何将绿建筑与环境永续的概念，透过空间设计表达与传递给予业主与消费者，让此类 "临时性建筑" 除了满足短期的销售行为外，同时能兼顾环境友善与生态永续的概念，是设计者对于本案的最大努力与期许。

B 环境风格 Creativity & Aesthetics

本案企图在自然资源极为丰富的台北近郊新店山上，提出一种空间的策略，一种既能满足短暂、临时的销售行为所需的空间展演与期待，同时又能够尊重自然与环境永续的平衡策略，以及减少资源与能源的浪费，并反省空间专业者在这个产业环节里，对于自然环境所能深化的一种态度与坚持。

C 空间布局 Space Planning

首先，临时建筑的结构行为以 "杆栏式" 的主要概念进行，除了主要落柱进行简易基础外，不针对基地内的山坡地进行大规模地挖填方与整地，反而是顺着坡度进行量体的错层配置，尊重原有的地形地貌与水土保持，将建筑行为对于环境的破坏性降到最低。 其次，所有空间量体避开原有的原生乔木配置，让原生植物与大自然的山景变成是空间的主角，透过框景与景深的手法互换主客体，建筑物只是配角，整个自然环境才是主角。

D 设计选材 Materials & Cost Effectiveness

配合山区湿冷的气候特性，采用大面积的活动开窗，冬天可引进大量的光线与热能，夏天可开启让微气流形成自然的对流通风，减少建筑物对空调的依赖，进而减少能源的消耗。

E 使用效果 Fidelity to Client

本案尊重自然的态度普遍获得消费者的认同与回响，同时无形中也再次教育了广告公司与地产商，对于绿色建筑的概念，不仅可以实质的回馈这片土地，同时是可以转换成有形且巨大的商业价值的。

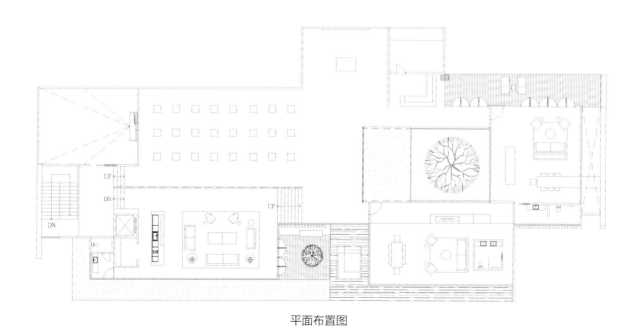

平面布置图

帆构想
THE IDEA OF SAIL

项目名称_帆构想 / 主案设计_梁穗明 / 参与设计_何思玮、罗品勇、邓江蜜、陈辉、杨亚会、洪俊能、林梓彬 / 项目地点_湖北省武汉市 / 项目面积_900平方米 / 投资金额_470万元 / 主要材料_石材、木材、玻璃、镜子等

A 项目定位 Design Proposition
西海岸体验式销售中心"帆构想"创造一个与传统对立、不安定、紧张、动荡的空间，激活年轻人思维，激发创造力，用全新的思维去构想未来立体生活。

B 环境风格 Creativity & Aesthetics
帆构想位于武汉黄金中轴光谷大道南片区，周边遍布十几所校园，环境气息充满年轻人的自信与活力，他们勇于接受新鲜事物的特点，激发我们创造一个体验空间——与传统对立，在紧张和动荡的氛围中激活人的思维。

C 空间布局 Space Planning
销售中心占地面积690平方米，因为外向型的坡屋顶建筑和主体是被分为前半部分14.7米高，后半部分仅有2.8米高。面对现有的条件制约，我们充分利用建筑斜面，塑造一个线性解构的空间。空间形态如一个巨大漏斗，吸纳人流，引领参观者进入体验性的展示空间。从大到小，一环扣一环，有节奏地层层递进。

D 设计选材 Materials & Cost Effectiveness
大面积整体地面，与设计板块浑然一体，统合纯粹、干净的空间感。空间挑战极致，在内部创造天花零灯孔的极简灯光系统。利用地灯及装置的灯光，运用漫反射原理，让第二层白色三角体块作为大堂最重要的一块灯片，通过折射，最终形成空间整体柔和明快的灯光氛围。

E 使用效果 Fidelity to Client
空间形态如一个巨大漏斗，吸纳人流，引领参观者进入体验性的展示空间。进入到空间，映入眼帘的是一个由多组三角切面构成的几何形前台和相同形式的沙盘模型展示台。从第三层木色体块进入到内部的洽谈区，整体运用三角切割，区分出几个不同功能区。室内空间五层叠扣，最外层三角木饰面内扣第二层白色体块，第二层白色体块内扣第三层木色体块……从大到小，一环扣一环，有节奏地层层递进，既相互连接，又相互对立，令这个反差极大的突兀空间能够默契连接，将空间的高度最大化利用，并达到合理分明。

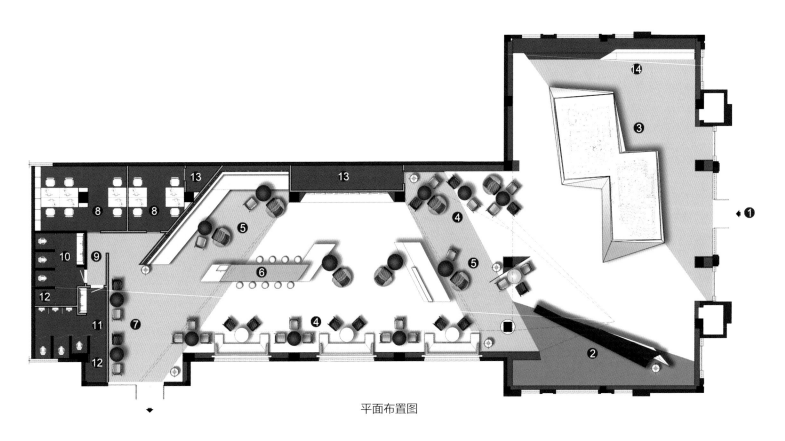

平面布置图

苏州仁恒·海和院
SUZHOU YANLORD - HAIHE VILLA

项目名称 _ 苏州仁恒·海和院 / 主案设计 _ 许书维 / 参与设计 _ 金晓君 / 项目地点 _ 江苏省苏州市 / 项目面积 _ 400 平方米 / 投资金额 _ 300 万元 / 主要材料 _ 地板、石材等

A 项目定位 Design Proposition

本项目特别为白领精英人士所打造的含蓄而高级的轻时尚生活品味别墅住宅。以 LOHAS（乐活）的生活状态为主要概念，去打造这个简约时尚现代，并融入苏州传统元素的设计居住空间。

B 环境风格 Creativity & Aesthetics

由于本项目位于苏州的新区比邻风景宜人的金鸡湖湖畔，环境清幽，我们运用空间、材质、灯光等细节去营造一个舒适、轻松、雅致的空间，透过简约线条、现代空间设计，融入苏州传统元素，来更贴近苏州水乡园林的生活环境，犹如在湖边悠闲的放松，享受微风轻拂的美妙时光的居家生活。

C 空间布局 Space Planning

由于整体社区具有绝佳的私密性空间规划，但也有着过道空间较窄的缺点。因此对于这套连体别墅宽度不够的这样一个缺点，打造灵动的空间布局是我们首先的考量，把原本格式化的功能区域打开，也通过一些功能设备把空间联结起来，例如旋转式电视，并改变原客厅的家具摆放，看似随意，却是经过仔细缜密的尺寸研究规划。

D 设计选材 Materials & Cost Effectiveness

运用苏州著名的苏绣所制作山水画作，与丝质壁纸来装饰墙面，并让整体空间色调搭配蓝色来点缀，同时为呈现苏州山水园林，采用原木的材质餐桌椅与摆饰，营造清新脱俗，气质非凡的空间设计，以及带有反光质感的漆面，大面的落地镜面墙，让空间更宽广大器。

E 使用效果 Fidelity to Client

"仁恒·海和院"位于环境清幽，无以伦比的醉美金鸡湖畔，绝佳地理位置，同时透过喜牧设计精准作的空间设计定位，让仁恒品牌设计地产的高端别墅，在万众瞩目下数日内便火热销售一空。

昭扬会馆
ZHAO YANG HALL

项目名称 _昭扬会馆 / 主案设计 _萧冠宇 / 参与设计 _陈羽莲、董家锦、王俊智、苏致豪 / 项目地点 _台湾桃园县 / 项目面积 _300 平方米 / 投资金额 _850 万元 / 主要材料 _实木、铁件

A 项目定位 Design Proposition
当来自家的感性遇上建筑的理性。 踏进被围绕的书墙与咖啡香中，我们的脚步彷佛慢了下来，在这个空间里走动，找个舒适自在的角落，让思绪跟着退一步来感受生活。

B 环境风格 Creativity & Aesthetics
在古典风格大楼环绕下，跳脱其严肃感，用绿意、简约立面变化融入环境。

C 空间布局 Space Planning
廊道延续着视觉层次，一座座诉说着建筑公司一路走来的作品陈列于此。提升了企业形象与追求高质量的发展。

D 设计选材 Materials & Cost Effectiveness
木作角材与氧锈的生铁包覆着四个角落，角材如同工程的基底，搭配着刻意氧锈元素，着实地表达着岁月洗炼的痕迹。 红色的拉梯同时扮演着机能及装饰的角色，点缀着空间，进而将生活趣味融入于此。

E 使用效果 Fidelity to Client
在售楼中心，以喝杯咖啡改变生活来替代现代生活的紧张感，并淡化售楼的印象，逆向思考，达成 45 天内完销此案。

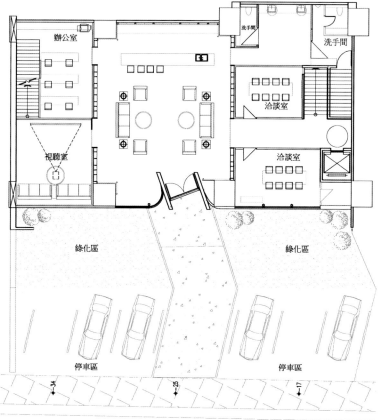

一层平面布置图